JN251605

実践
ベイズモデリング

解析技法と認知モデル

豊田 秀樹 編著

朝倉書店

■ 編著者

豊田秀樹　　早稲田大学文学学術院教授

■ 執筆者

久保沙織　　早稲田大学グローバルエデュケーションセンター
(1 章・2 章・8 章・10 章・15 章・18 章)

池原一哉　　独立行政法人　国際交流基金日本語試験センター
(6 章・12 章・16 章・18 章)

秋山　隆　　早稲田大学文学学術院
(2 章・7 章・10 章・18 章・付録 A・付録 B)

拜殿怜奈　　修士 (文学，早稲田大学)
(2 章・10 章・18 章)

長尾圭一郎　　早稲田大学大学院文学研究科
(5 章・9 章・17 章・18 章)

磯部友莉恵　　早稲田大学大学院文学研究科
(2 章・3 章・4 章・14 章・18 章)

吉上　諒　　早稲田大学大学院文学研究科
(11 章・13 章・18 章)

杉山啓太　　早稲田大学大学院文学研究科
(11 章・18 章)

まえがき

■ ■ ■

本書は2015年に公刊した『基礎からのベイズ統計学』の実践部の続編です．実践部の3つの特徴，(1) 解をMCMC法にゆだね，「どう解くか」に関する面倒な数式を排除すること，(2) 生成量を重視し，データから豊かな知見を引き出すこと，(3) 研究仮説が正しい確率を直接計算することは，そのまま引き継いでいます．本書の内容は4部構成です．

第1部では，前著では扱いきれなかった発展的な確率分布を紹介します．確率論では様々な確率事象を表現するための確率分布が提案されています．しかし伝統的な統計学では，母数の推定量を導いたり，検定統計量を構成するために高度な数学が必要であり，なかなか実践に供することができませんでした．このため，これまでは標本分布が研究し尽くされている正規分布ばかりが利用されるという弊害がありました．第1部ではMCMC法を利用することにより，現象に応じた確率分布を気軽に利用できることを示します．

第2部では，汎用的な解析技法を紹介します．できるだけ適用分野を選ばない統計モデルを集めました．ここではモデルの理解を促すためのプレート表現を正式に導入します．プレート表現は，ベイズモデリングをグラフィカルに表示するためのツールです．プレート表現を用いることによって第三者に対するモデルの視認性が高くなります．使用法をマスターして，論文やレポートでぜひ利用していただきたいと思います．

第3部では，心理学におけるベイズモデリングを紹介します．ベイズモデリングは汎用的な統計解析モデルを記述するばかりでなく，領域特有の現象を表現することにも長けています．その適例として編者・著者の専門である心理学領域の事例を扱います．また第4部ではプレート表現を利用した論文を紹介します．

本書の内容は，第4部の紹介論文を除き，朝倉書店Webサイト (`http://www.asakura.co.jp/`) の本書サポートページから入手できるRおよびStanのコードによって再現できます．ただし紙面の都合でフリーの統計解析ソフトウェアRやStanの文法の解説は割愛しました．実用的なベイズ分析を行う上では，計算機の利用が不可欠です．最近ではRやStanの導入法や基礎文法を解説するWebサイトも増えています．それらを参考にぜひご自分のパソコンにRとStanを準備し，学習を進めていただきたいと思います．

書き下ろしの原稿の第1章「ガンベル分布」，第2章「ワイブル分布」は尾崎幸謙先生 (筑波大学大学院) に，第4章「フォン・ミーゼス分布」，第8章「トピックモデル」は松浦健太郎先生に，第9章「隠れマルコフモデル」は中村健太郎先生 (早稲田大学) に，第11章「項目反応理論」は川端一光先生 (明治学院大学) に，第14章「心理物理学」，第15章「信号検出理論」，第16章「BARTモデル」，第17章「アイオワ・ギャンブリング課題」は国里愛彦先生 (専修大学) に，付録B「モデル選択規準」は渡辺澄夫先生 (東京工業大学) に御精読いただきました．申すまでもなく本書にあり得べき誤りの責は全面的に編者と著者にありますが，お忙しいスケジュールの中で，拙原稿に対し多くの有益なアドバイスと貴重な指摘をしてくださった先生方に，この場を借りて心より感謝申し上げます．

2016年12月

豊田秀樹

目　　次

第3部 認知モデル **115**

第 4 部　論文紹介　155

付録 187

第 1 部

発展的な確率分布

1 ガンベル分布

■ ■ ■

スポーツにおいて大幅に記録が更新されたとき，アナウンサーが「100 年に一度の大記録です!!」などと興奮気味に実況しているのを，皆さんも一度は耳にしたことがあるでしょう．他にも，気象に関する事象についても，「20 年に一度の大雨」といった表現が用いられることがあります．このような「○年に一度」という表現は，単に事象の稀さを強調するために用いられているだけで，その年数はでたらめなのでしょうか．

極値 (extreme value) 統計学の考え方を用いることで，この「○年に一度」という数値を理論的に導き出すことが可能です．本章では，極値統計学の基礎である**極値理論** (extreme value theory) を踏まえつつ，最大値が従う確率分布の 1 つであるガンベル分布を利用した推測の例を示します．

1.1 極値統計学

「○年に一度」という表現は，これまで経験したことのなかったような極端な記録が叩き出されたときに用いられます．このような稀にしか起きない現象における極端に大きな (小さな) 値 (**極値**) のデータを扱うのが極値統計学です．極値統計学は，古くから水文学や工学の分野で防災のために発展し，現在では人間の寿命や損害保険など身近な問題にも適用されています (髙橋・志村, 2004).

1.1.1 一般極値分布

以下では極値データとして，ある特定の期間，または領域における最大値のみを集めたデータを考えます [*1]．これを**区間最大値** (または**ブロック最大値**) データと呼びます．例えば「各年での最大日降水量」は 1 年間という期間における区

[*1] 極値統計学で扱う極値データは，他にも閾値超過データなどがあります．詳細については髙橋・志村 (2016) を参照してください．

間最大値データとなります．

区間最大値データが得られる確率モデルとして，分布関数 $F(x)$ をもつ互いに独立で同一な分布から n 個の標本を無作為に抽出する状況を考えます．抽出した n 個の無作為標本を $X_1, \ldots, X_i, \ldots, X_n$ とすると，それら n 個の標本の最大値 $X_n^{\max}$ は

$$X_n^{\max} = \max\{X_1, \ldots, X_i, \ldots, X_n\} \tag{1.1}$$

と表すことができます．以下では，$n \to \infty$ としたとき [*2)]，この最大値 $X_n^{\max}$ が従う確率分布について議論します．

$X_n^{\max}$ の分布関数は

$$\begin{aligned} F(X_n^{\max}) &= P(X_n^{\max} \leq x) = P(X_1 \leq x, \cdots, X_i \leq x, \cdots, X_n \leq x) \\ &= \prod_{i=1}^{n} P(X_i \leq x) = \{F(x)\}^n \end{aligned} \tag{1.2}$$

となり，もとの X が従う分布関数 $F(x)$ の n 乗に一致します．$x \to \infty$ のとき，$F(x) = 1$ となるような最小の x の値を x_F とすると，x_F より小さいすべての x に対して $\{F(x)\}^n \to 0$ となるため，最大値 $X_n^{\max}$ の分布は 1 点 x_F に収束してしまいます．

そこで，定数 a_n (> 0) と b_n を用いて，$X_n^{\max}$ を以下のように基準化します．

$$Z_n = \frac{X_n^{\max} - b_n}{a_n} \tag{1.3}$$

適切な a_n と b_n を選択することができれば，最大値 $X_n^{\max}$ の位置と尺度が定まり，その分布を安定させることができます．Z_n の分布関数は

$$\begin{aligned} F(Z_n) &= P(Z_n \leq x) = P\left(\frac{X_n^{\max} - b_n}{a_n} \leq x\right) = P(X_n^{\max} \leq a_n x + b_n) \\ &= \{F(a_n x + b_n)\}^n \end{aligned} \tag{1.4}$$

となります．ここで，$n \to \infty$ のとき，$F(Z_n) = \{F(a_n x + b_n)\}^n \to F(x)$ となるような定数 a_n と b_n が存在する場合に，分布関数 F は**最大値安定性** (max-stability) をもつ，あるいは**最大値安定分布**である，といわれます．

$n \to \infty$ としたときに，最大値あるいは最小値が従う分布のことを，**極値分布**

---

*2) 記号 $\to$ は，$\to$ の右辺の値または関数などに，左辺が限りなく近づくことを意味します．

(extreme value distribution) といいます [*3)]. 最大値安定性をもつ極値分布には, ガンベル型, フレシェ型, ワイブル型の3つのタイプがあります (蓑谷, 2003). これら3つのタイプをまとめた一般形は, **一般極値分布** (generalized extreme value distribution, GEV) と呼ばれ, その分布関数は以下で表されます [*4)].

$$F(x) = \exp\left\{-\left[1+\xi\left(\frac{x-\mu}{\sigma}\right)\right]^{-\frac{1}{\xi}}\right\}, \quad -\infty < x < \infty \tag{1.5}$$

(1.5) 式の x は, 区間最大値データを想定しています. μ は位置母数, σ は尺度母数, ξ は形状母数と呼ばれます.

1.1.2 ガンベル分布

本章では, (1.5) 式において $1/\xi = n$ とおき, $n \to \infty$, すなわち $\xi \to 0$ としたときの分布であるガンベル分布 (Gumbel distribution) について取り上げます [*5)]. ガンベル分布は, (1.3) 式で $a_n = 1$, $b_n = \log n$ を選択したときの最大値安定分布であり, 分布関数と確率密度関数は以下のように定義されます.

$$F(x) = \exp\left\{-\exp\left[-\left(\frac{x-\mu}{\sigma}\right)\right]\right\}, \quad -\infty < x < \infty \tag{1.6}$$

$$f(x|\mu,\sigma) = \frac{1}{\sigma}\exp\left[-\left(\frac{x-\mu}{\sigma}\right)\right]\exp\left\{-\exp\left[-\left(\frac{x-\mu}{\sigma}\right)\right]\right\} \tag{1.7}$$

μ は位置母数, σ (>0) は尺度母数です. $\sigma = 1$ に固定し, $\mu = -5, 0, 5$ とした場合の密度関数を図 1.1 に, $\mu = 0$ に固定し, $\sigma = 0.5, 2, 5$ とした場合の密度関数を図 1.2 に示しました.

図 1.1 より, μ は分布の中心的な位置を決めていることがわかります. ガンベル分布の密度関数 $f(x)$ は, $x = \mu$ のときに最大となっていることから, μ はガンベル分布の最頻値に一致します. また, 図 1.2 から, σ の値が大きくなるほど, 散らばりの大きな分布となることが見てとれます.

表 1.1 に, ガンベル分布の期待値, 中央値, 最頻値, 分散をまとめました. 期待値の計算に必要な γ はオイラーの定数と呼ばれる定数で, $\gamma \simeq 0.577$, 分散の定義式に含まれる π は円周率です.

---

*3) 最大値に関する極値分布が $F(x)$ であるとき, 対応する最小値に関する極値分布 $G(x)$ は $G(x) = 1 - F(-x)$ によって求めることが可能です.

*4) 分布関数 $F(x)$ が GEV のとき, そしてそのときに限り, $F(x)$ は最大値安定性をもつことがわかっています.

*5) ガンベル分布はタイプ I の極値分布です. (1.5) 式において $\xi > 0$ のときにはフレシェ分布 (タイプ II), そして $\xi < 0$ のときにはワイブル分布 (タイプ III) となります. このうちワイブル分布については, 本書第 2 章で取り上げます.

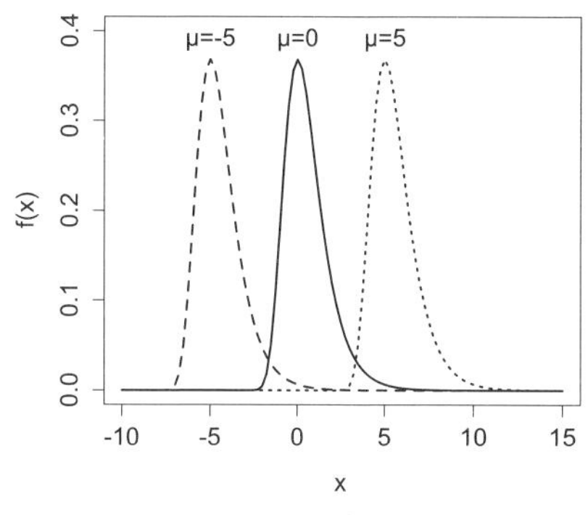

図 1.1　ガンベル分布の密度関数

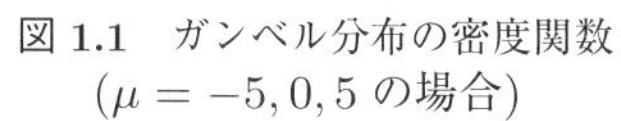
($\mu = -5, 0, 5$ の場合)

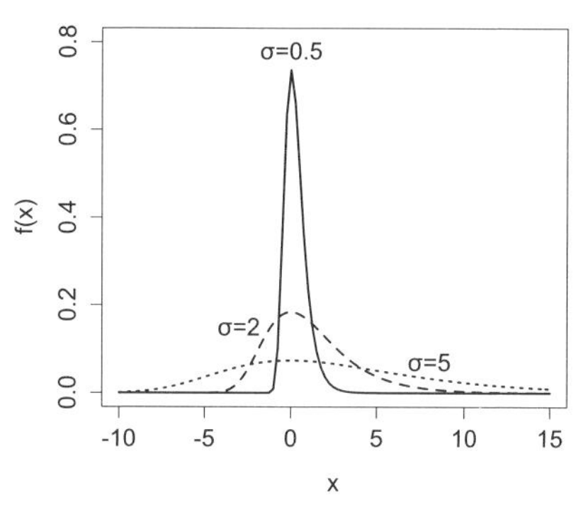

図 1.2　ガンベル分布の密度関数
($\sigma = 0.5, 2, 5$ の場合)

表 1.1　ガンベル分布の期待値・中央値・最頻値・分散

期待値	中央値	最頻値	分散
$\mu + \gamma\sigma$	$\mu - \log\log 2$	μ	$\dfrac{\pi^2\sigma^2}{6}$

1.1.3　再現レベルと再現期間

極値理論においては，分布のパラメータの値そのものに関する推測以上に，確率点に焦点を当てた議論も多くなされます．ガンベル分布の p%点 x_p ($F(x_p) = p$) は次式で求めることができます (Coles, 2001).

$$x_p = \mu - \sigma[\log\{-\log(p)\}] \tag{1.8}$$

ここで, $(1-p) = r$ とするとき, x_p は**再現期間** (return period) $1/r$ の**再現レベル** (return level) であるといわれます．例えば95%点の場合，$r = 0.05$ $(= 1 - 0.95)$ であり，再現期間は 20 $(= 1/0.05)$ となります．ここで，もし各年の最大値を集めたデータであれば $x_{0.95}$ は 20 年に一度現れるような大きな値であると解釈できます.

1.2　分　　析　　例

走り幅跳び最長記録問題：陸上部で走り幅跳びの選手である A 君は，将来，世界大会に出場することを夢見て練習に励んでいます．ある日，コーチが「男子走り幅跳びの世界記録は，1991 年にアメリカのマイク・パウエル選手が記録した 8 m 95 cm 以降，2016 年のいままで更新されていないんだ．あの記録は 100 年に一度の大記録だよ」と教えてくれました．コーチのこの話をきっかけに，A 君はこれまでの記録に興味をもち，1991 から 2015 年の 25 年間における男子走り幅跳びの各年の最長記録を調べてみたところ，データは表 1.2 の通りとなりました [*6)]．図 1.3 には，データのヒストグラムを描きました．

表 1.2 男子走り幅跳びの各年の最長記録 (1991–2015 年)

No	1	2	3	4	5	6	7	8	9	10
記録	8.95	8.68	8.70	8.74	8.71	8.58	8.63	8.48	8.60	8.65
No	11	12	13	14	15	16	17	18	19	20
記録	8.41	8.52	8.53	8.60	8.60	8.56	8.66	8.73	8.74	8.47
No	21	22	23	24	25					
記録	8.54	8.35	8.56	8.51	8.52					

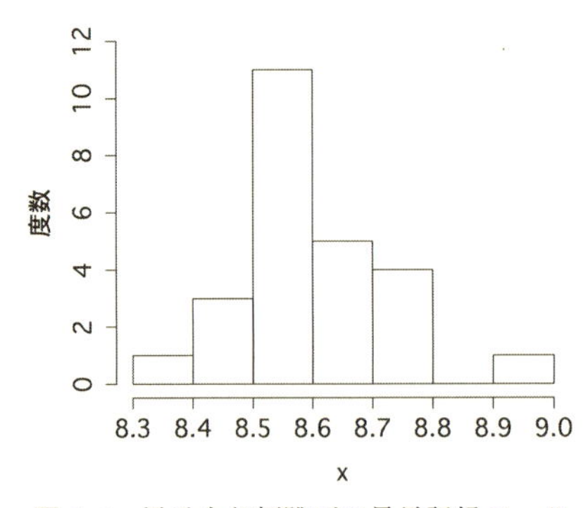

図 1.3 男子走り幅跳びの最長記録データ

表 1.2 のデータを用いて，以下では次のような**研究上の問い** (research question, リサーチクエスチョン：**RQ**) を設け，検討していきましょう．

---

*6) 国際陸上競技連盟 (International Association of Athletics Federations; IAAF) の HP (`http://www.iaaf.org/records/toplists/jumps/long-jump/outdoor/men/senior`) で公開されている情報をもとに作成した実データです．

RQ.1 男子走り幅跳びの各年の最長記録として最も出やすい記録 (最頻値) は何 m 何 cm でしょうか．また，最長記録の最頻値について，95%の確信で，どの程度の幅といえるでしょうか．

RQ.2 男子走り幅跳びの各年の最長記録の散らばり (標準偏差) はどれくらいでしょうか．

RQ.3 マイク・パウエル選手による 8 m 95 cm という現在の世界記録は，各年の最長記録が従う分布において，何%点に当たるでしょうか．

RQ.4 A 君のコーチは「8 m 95 cm は 100 年に一度の記録だ」と言っています．8 m 95 cm という記録の再現期間が 100 年より長い確率はどの程度でしょうか．

RQ.5 現在の世界記録 8 m 95 cm の再現期間は，ズバリ何年でしょうか．

RQ.6 次の 1 年で，マイク・パウエル選手による 8 m 95 cm という世界記録が更新される確率はどのくらいでしょうか．

まず，男子走り幅跳びの各年の最長記録データがガンベル分布に従っていると仮定します[*7]．**RQ.1** は分布の最頻値に関する問です．表 1.1 に示した通り，ガンベル分布では位置母数 μ が分布の最頻値と一致します．したがって，$\mu^{(t)}$ の事後分布を要約して，**事後期待値** (expected a posteriori, **EAP**) と**確信区間** (credible interval) を評価します．

次に，ガンベル分布の標準偏差は，表 1.1 より $\sqrt{(\pi^2\sigma^2)/6}$ です．そこで，尺度母数 σ を利用して，次のような**生成量** (generated quantities) を定義することで，標準偏差の推定を行うことができます (**RQ.2**)．

$$s^{(t)} = g(\sigma^{(t)}) = \sqrt{\frac{\pi^2\sigma^{(t)2}}{6}} \tag{1.9}$$

ある実現値が何%点に当たるかは，(1.8) 式を p について解くことで求められます．

$$p = \exp\left\{-\exp\left(\frac{\mu - x_p}{\sigma}\right)\right\} \tag{1.10}$$

---

*7) 1.1 節で説明した通り，最大値や最小値は独立同分布からの無作為標本であると仮定しています．そのため，例えば技術革新や新しい練習方法の導入により，データ収集期間の途中で最大値・最小値が劇的に更新されたといった場合には，その前後で同一の極値分布を当てはめることは適切ではありません．本分析例では，1991 年から現在までの間に，走り幅跳びの記録を大幅に伸ばすような出来事はなかったと仮定して，分析を進めます．

(1.10) 式の x_p に 8.95 を代入した生成量

$$p_{8.95}^{(t)} = g(\mu^{(t)}, \sigma^{(t)}) = \exp\left\{-\exp\left(\frac{\mu^{(t)} - 8.95}{\sigma^{(t)}}\right)\right\} \tag{1.11}$$

を用い，その EAP を評価することで，8 m 95 cm という現在の世界記録が何%点に当たるかという問に答えることができます (**RQ.3**).

続いて，「8 m 95 cm という記録の再現期間が 100 年より長い」という仮説が正しい確率を求めるためには，まず，(1.8) 式を利用して生成量

$$x_{0.99}^{(t)} = g(\mu^{(t)}, \sigma^{(t)}) = \mu^{(t)} - \sigma^{(t)}[\log\{-\log(0.99)\}] \tag{1.12}$$

を定義します．これはガンベル分布の 99%点，すなわち再現期間 100 (= 1/(1 − 0.99)) 年の値を表しています．さらに $x_{0.99}^{(t)}$ を用いて次のような生成量を用意します．

$$u_{8.95>x_{0.99}}^{(t)} = g(x_{0.99}^{(t)}) = \begin{cases} 1 & 8.95 > x_{0.99}^{(t)} \\ 0 & \text{それ以外の場合} \end{cases} \tag{1.13}$$

$u_{8.95>x_{0.99}}^{(t)}$ の EAP を参照することで，8 m 95 cm という記録の再現期間が 100 年より長い確率を得ることができます (**RQ.4**).

では，ズバリ，マイク・パウエル選手の記録の再現期間は何年なのでしょうか．(1.10) 式で定義された p を用いることで，再現期間 $1/r$ は

$$\frac{1}{r} = \frac{1}{1-p} = \frac{1}{1 - \exp\left\{-\exp\left(\frac{\mu - x_p}{\sigma}\right)\right\}} \tag{1.14}$$

と導かれます．したがって，生成量として以下を定義し，その EAP を参照することで，8 m 95 cm の再現期間の推定値を得ます (**RQ.5**).

$$\frac{1}{r_{8.95}^{(t)}} = g(\mu^{(t)}, \sigma^{(t)}) = \frac{1}{1 - \exp\left\{-\exp\left(\frac{\mu^{(t)} - 8.95}{\sigma^{(t)}}\right)\right\}} \tag{1.15}$$

RQ.6 は将来のデータ x^* に関する事後予測分布を利用する問題です．はじめに，$\mu = \mu^{(t)}, \sigma = \sigma^{(t)}$ のガンベル分布から T 個の予測値を以下のように生成します．

$$x^{*(t)} \sim f(\mu^{(t)}, \sigma^{(t)}) \tag{1.16}$$

個々の $x^{*(t)}$ は上式の通りガンベル分布に従いますが，T 個の $x^{*(t)}$ が形成する分

布はガンベル分布とはならず，将来新たに観測される最長記録データ x^* の予測分布の近似となります．$x^{*(t)}$ を用いて次のような生成量を定義し，T 個の $u^{(t)}_{x^*>8.95}$ の平均を求めることで，8 m 95 cm という現在の世界記録が次の 1 年で更新される確率について推測することができます．

$$u^{(t)}_{x^*>8.95} = g(x^{*(t)}) = \begin{cases} 1 & x^{*(t)} > 8.95 \\ 0 & \text{それ以外の場合} \end{cases} \tag{1.17}$$

分　析　結　果

母数と生成量の事後分布の数値要約は表 1.3 の通りです [*8)]．ここで post.sd は**事後標準偏差** (posterior standard deviation)，95%下側/上側はそれぞれ 95%確信区間の下限/上限，sd は標準偏差を表します．また，μ と σ の EAP 推定値を (1.7) 式に代入して得られる確率分布を図 1.4 に示しました．

表 1.3　「走り幅跳び最長記録問題」に関する推定結果

	EAP	post.sd	95%下側	95%上側
μ	8.542	0.025	8.493	8.592
σ	0.121	0.019	0.091	0.165
s	0.155	0.024	0.116	0.211
$p_{8.95}$	0.963	0.022	0.908	0.991
$x_{0.99}$	9.100	0.096	8.940	9.317
$U_{8.95>x_{0.99}}$	0.034	0.181	0.000	1.000
$1/r_{8.95}$	38.519	27.835	10.844	111.004
	平均値	sd	95%下側	95%上側
x^*	8.613	0.160	8.378	8.989
$U_{x^*>8.95}$	0.035	0.184	0.000	1.000

μ の EAP 推定値より，男子走り幅跳びの各年の最長記録として最も出やすい記録は 8 m 54 cm であることがわかります．また，この最頻値は 95%の確信で，8 m 49 cm から 8 m 59 cm の間の値をとるといえます (**RQ.1** への回答)．また，s の EAP 推定値より，男子走り幅跳びの各年の最長記録の散らばりは，平均的に 0.155 m です (**RQ.2** への回答)．最大値ばかりを集めた極値分布の標準偏差は非

---

*8)　4 つのマルコフ連鎖それぞれにおいて，事後分布から 10000 回のサンプリングを行い，最初の 5000 回をウォームアップ期間として破棄し，合計 20000 個の母数の標本を用いて計算した結果を示しています．

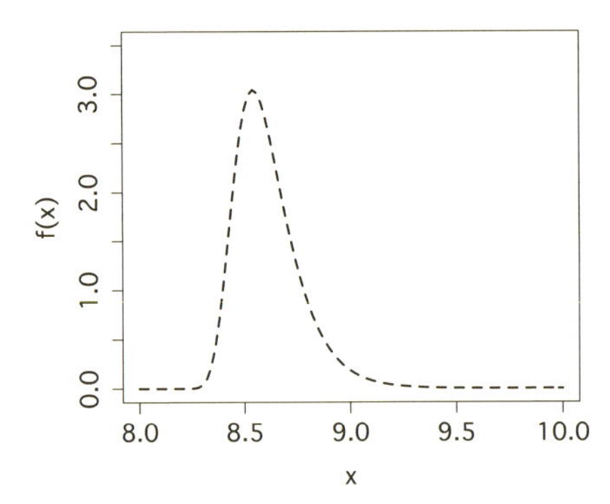

図 1.4 推定されたガンベル分布の密度関数

常に小さく，世界大会の表彰台は約 15 cm 前後の僅差で争われていることが示唆されました．

$p_{8.95}$ の EAP 推定値は 0.963 であり，2015 年時点での世界記録 8 m 95 cm は，これまでのデータから推測される最長記録の分布では 96.3%点に相当すると推測されました (**RQ.3** への回答)．$u^{(t)}_{8.95>x_{0.99}}$ の EAP 推定値は 0.034 であり，8 m 95 cm という記録の再現期間が 100 年より長い確率は 3.4%という結果になりました (**RQ.4** への回答)．マイク・パウエル選手による現在の世界記録を「100 年に一度」というのは少々過大評価のようです．なお，$x_{0.99}$ の EAP 推定値は 9.100 となっていることから，再現期間 100 年の再現レベルとして平均的な値は 9 m 10 cm であることがわかります．さらに，$1/r_{8.95}$ の EAP 推定値は 38.519 であり，8 m 95 cm は，平均的に約 40 年に一度現れる程度の記録であると解釈できます (**RQ.5** への回答)．

$U_{x^*>8.95}$ の推定結果から，次の 1 年で，マイク・パウエル選手による 8 m 95 cm という世界記録が更新される確率は 3.5%であると推測されます (**RQ.6** への回答)．なお，T 個の $x^{*(t)}$ の平均値は 8.613 となり，これが 2016 年の男子走り幅跳びの最長記録として予測される平均的な値であると解釈できます．

文献

Coles, S. (2001). *An Introduction to Statistical Modeling of Extreme Values.* Springer.
髙橋倫也・志村隆彰 (2004).「特集 極値理論」について. 統計数理, **52**(1), 1-4.
髙橋倫也・志村隆彰 (2016). ISM シリーズ：進化する統計数理 5 極値統計学. 近代科学社.
蓑谷千凰彦 (2003). 極値分布, 統計分布ハンドブック. 第 14 章, pp.290-309, 朝倉書店.

2 ワイブル分布

■ ■ ■

19 世紀終わりからの工業化社会の著しい発展とともに，工業製品への加重や経年劣化による故障 (寿命データ) に関する統計分析も盛んに行われるようになりました．分析手法の発展初期には寿命データの分布として指数分布，正規分布やガンマ分布を仮定し，データ分布に当てはまりがよいものを選んでいました．Weibull (1951) は寿命データの性質を柔軟に表現できる分布として**ワイブル分布** (Weibull distribution) を紹介し，以来，様々な分析で利用されるようになりました．現在では，工業分野のみならず，人間の寿命や病気の再発までの期間など，医療分野においても広く用いられています．

2.1　ワイブル分布の表現

2.1.1　確率密度関数

ワイブル分布の確率密度関数は，製品が壊れるまでの加重や時間，要因への曝露から発症が観測されるまでの時間を表す正の値 $0 \leq x < \infty$ について，

$$f(x) = f(x|m,\eta) = \frac{m}{\eta}\left(\frac{x}{\eta}\right)^{m-1}\exp\left[-\left(\frac{x}{\eta}\right)^{m}\right], \quad m > 0, \quad \eta > 0 \tag{2.1}$$

と表されます．母数 m は形状母数，母数 η は尺度母数と呼ばれます．本章では，x を事象が観測されるまでの時間を表すものとします．このとき，x は**生存時間**とも呼ばれます．なお $m = 1$ のとき，ワイブル分布は指数分布の確率密度関数 $f(x|\lambda) = \lambda\exp(-\lambda x), (x \geq 0)$ に関して，$\lambda = 1/\eta$ と再母数化した

$$f(x|\eta) = \frac{1}{\eta}\exp\left(-\frac{x}{\eta}\right), \quad x \geq 0 \tag{2.2}$$

と等しくなります．このことから，指数分布はワイブル分布の特別な場合といえます．また，形状母数の値が $m = 2$ のとき，ワイブル分布はレイリー (Rayleigh) 分布となり，$3 \leq m \leq 4$ の範囲内にある場合，ワイブル分布の確率密度関数は正規分布と似た形状となります．

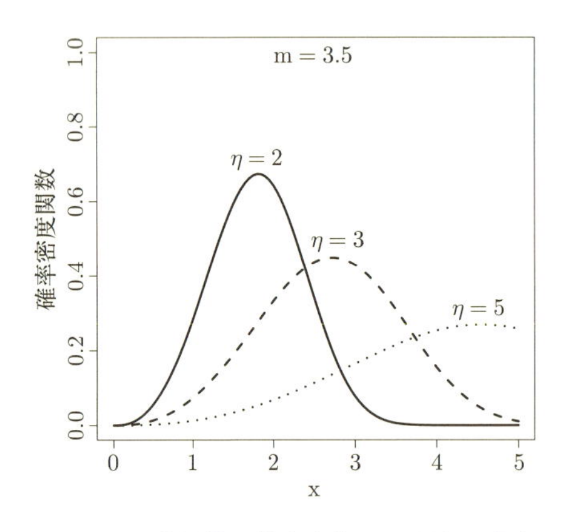

図 2.1 尺度母数の値を変化させた際の確率密度関数

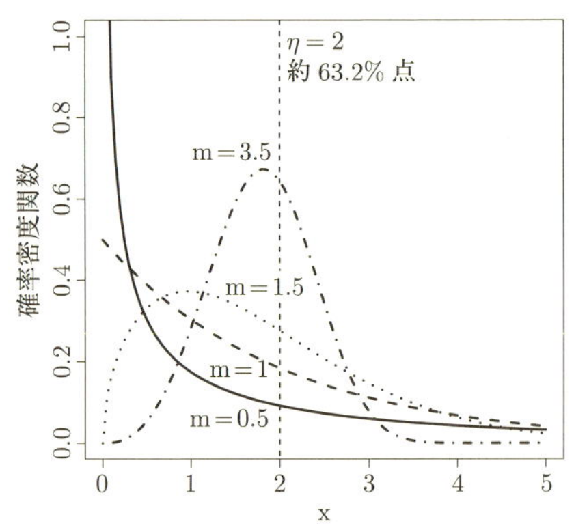

図 2.2 形状母数の値を変化させた際の確率密度関数

図 2.1 と図 2.2 はそれぞれ母数 η, m の値を変化させた場合の，ワイブル分布の確率密度関数の形状を示しています．図 2.1 は形状母数を $m = 3.5$ に固定し，尺度母数を $2, 3, 5$ と変化させています．この図から，形状母数の値によって正規分布と似た形状を保ちながら，尺度母数の大きさに応じて，頂点が右側へずれつつ，広がりが大きくなる様子が観察できます (ネルソン, 1988).

図 2.2 は尺度母数を $\eta = 2$ に固定し，形状母数 m を $0.5, 1.0, 1.5, 3.5$ と変化させています．この図から，形状母数の値に応じて，指数分布や，正規分布のような分布など，ワイブル分布の密度関数は様々な形状をとることができ，寿命や故障に関するデータの性質を柔軟に表現できることがわかります．

2.1.2 累積分布関数

ワイブル分布の累積分布関数は，X を生存時間 (非故障時間) を表す確率変数とすると

$$F(x) = p(X \leq x) = 1 - \exp\left[-\left(\frac{x}{\eta}\right)^m\right], \quad x > 0 \tag{2.3}$$

で表されます．累積分布関数 (累積死亡・故障確率) は生存時間 X がある時間 x よりも小さな値として観測される確率を表しています．このとき，ワイブル分布がどのような形状をとろうとも (あらゆる m に関して)

$$F(x = \eta) = p(X \leq \eta) = 1 - \exp(-1) \approx 0.632 \tag{2.4}$$

となる性質をもっています．つまり，η は確率密度関数における約 63.2%点

($\approx 100 \times \{1 - \exp(-1)\}$) をも表しています (図 2.2 の縦点線参照).

ワイブル分布における平均値，分散および最頻値 (モード, mode) はそれぞれ

$$E[X] = \eta\Gamma\left(1 + \frac{1}{m}\right) \tag{2.5}$$

$$V[X] = \eta^2\left[\Gamma\left(1 + \frac{2}{m}\right) - \left\{\Gamma\left(1 + \frac{1}{m}\right)\right\}^2\right] \tag{2.6}$$

$$最頻値 = \begin{cases} \eta\left(1 - \frac{1}{m}\right)^{\frac{1}{m}}, & m \geq 1 \\ 0, & m < 1 \end{cases} \tag{2.7}$$

です．ここで，$\Gamma(\cdot)$ はガンマ関数を表しています．ワイブル分布は右に歪んだ分布であるため，一般に平均値とともに最頻値も参照されます．

2.1.3 生存関数

生存時間を検討対象とする場合には，多くの場合，個体の生存確率にも関心が持たれます．累積分布関数 $F(x)$ を用いて定義される関数

$$R(x) = 1 - F(x) = \exp\left[-\left(\frac{x}{\eta}\right)^m\right] \tag{2.8}$$

を**生存関数** (survival function，あるいは**信頼度関数**, reliability function) と呼びます．生存関数は**累積生存率曲線**とも呼ばれ，時間 x まで対象が生存している確率を表しています．

2.1.4 ハザード関数

生存関数とともに，興味の対象となる関数として，**ハザード関数** (hazard function) があります．これは危険度関数，あるいはハザード率 (hazard rate)，瞬間事象発生率とも呼ばれます．ワイブル分布におけるハザード関数は，

$$h(x) = \frac{f(x)}{1 - F(x)} = \frac{f(x)}{R(x)} = \frac{m}{\eta^m}x^{m-1} \tag{2.9}$$

と定義され，個体が，ある時間 x まで生存していたという条件の下で次の微小時間 δx までの区間 $(x, x + \delta x)$ において事象を経験する条件付き確率密度関数を表しています．また，以下に定義される**累積ハザード関数**

$$H(x) = \int_0^x h(u)du = -\log(R(x)) = -\log(1 - F(x)) = \left(\frac{x}{\eta}\right)^m \tag{2.10}$$

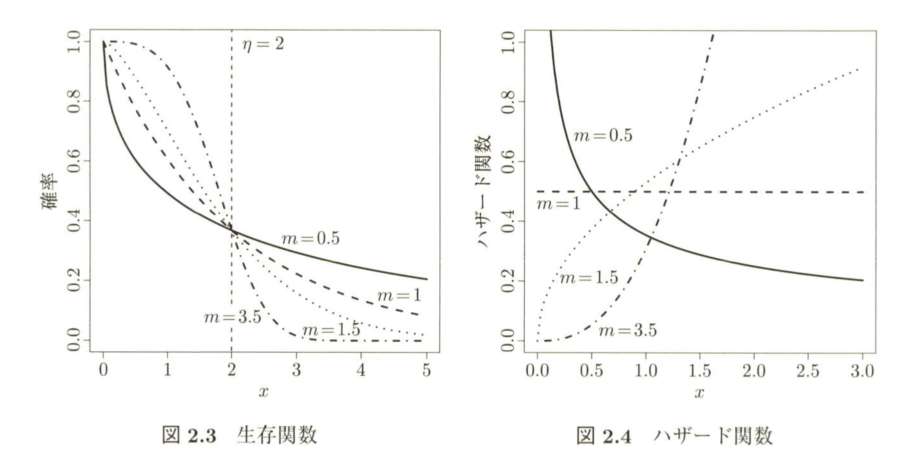

図 **2.3**　生存関数

図 **2.4**　ハザード関数

は，時間 x までに個体がさらされてきた累積事象発生リスクを表しています．

製造方法や，治療法などの処遇の違いによって，事象の発生リスクに違いが生じるかを検討する方法の 1 つに，ハザード比 (hazard ratio) があります．例えばいま，従来製品と改良製品の故障時間にワイブル分布を仮定し，それぞれのハザード関数が得られているものとすると，特定の時点 x におけるハザード比は

$$HR = \frac{h_{\text{改良}}(x)}{h_{\text{従来}}(x)} \tag{2.11}$$

となります．この場合，$HR < 1$ であれば改良製品のほうが，従来製品に比べて時間 x におけるハザードが小さく，故障リスクが小さいことがわかります．一方で，$HR > 1$ のとき，時間 x におけるハザードは改良製品よりも従来製品の方が小さいことがわかります．

図 2.3 と図 2.4 に図 2.2 と同様の条件で母数の値を変化させた場合の生存関数とハザード関数の様子を示しました．図 2.3 より，$m = 0.5$ の場合，生存率が観測期間の初期に急激に下がり，以降はなだらかに減少していくことがわかります．m が大きくなるにつれて，観測期間初期の生存率の低下が緩やかとなり，反対に観測期間後期の生存率の低下の程度が激しくなる傾向が見てとれます．

図 2.4 から，$m = 0.5$ の場合には，時間の経過とともに故障リスクが小さくなる様子が見られます．これは $0 < m < 1$ のときに共通して見られる特徴です．また，$m = 1$ の場合には，時間に対して故障リスクが一定となり，$m > 1$ の場合は，時間とともに故障リスクが大きくなることがわかります．こうした特徴から，形状母数に関して，$0 < m < 1$ の場合には初期故障型，$m = 1$ の場合には偶発故障

型，$m > 1$ の場合は摩耗故障型と解釈されます．

$m = 1$ の場合はハザード関数が定数であることを意味しており，前述の通り，指数分布の当てはめも考えられます．なお，$m = 1$ の場合を除いて，モデル分布としてワイブル分布を用いることは，ハザード関数が時間に対して単調に増加あるいは減少することを仮定していることと同義です．

2.2 分　析　例

離婚問題：A さんは，来年で結婚 20 年目を迎えます．これまで夫婦仲はよく，すっかり安心しきっていたものの，近年，熟年離婚の話題をよく耳にするようになり，段々と不安を感じるようになりました．そこで，厚生労働省が離婚時期のデータを調査，発表していることを思い出し，直近の離婚時期の傾向を調べてみることにしました．表 2.1 には，2014 年の同居期間別の離婚件数を示しています [*1]．ここで A さんは以下のような **RQ** をもちました．

表 2.1　同居期間別の離婚件数

期間	1 年未満	2 年未満	3 年未満	4 年未満	5 年未満	10 年未満
月	12	24	36	48	60	108
件数	13499	15779	14910	13489	12379	46389
期間	15 年未満	20 年未満	25 年未満	30 年未満	35 年未満	
月	168	228	288	348	408	
件数	30839	22905	16535	9382	5034	計 200640

RQ.1　離婚するまでの，同居期間の平均値はどの程度でしょうか．

RQ.2　離婚の発生は，初期型，偶発型，摩耗型のいずれでしょうか．

RQ.3　結婚後 3~5 年目が離婚しやすい時期といわれていますが，それは本当でしょうか．

表 2.1 は，例えば最初のデータに着目すると，婚姻期間 12 か月目終了時までに

[*1] 厚生労働省 平成 26 年 (2014) 人口動態統計 上巻 第 10.5 表 "結婚生活に入ってから同居をやめたときまでの期間別に見た年次別離婚件数・百分率および平均同居期間" http://www.e-stat.go.jp/SG1/estat/List.do?lid=000001137970

表 **2.2**　同居期間別の平均後の離婚件数

月	12	24	36	48	60	72	84
件数	13499	15779	14910	13489	12379	9278	9278
月	96	108	120	132	144	156	168
件数	9278	9278	9278	6068	6068	6068	6068
月	180	192	204	216	228	240	252
件数	6068	4581	4581	4581	4581	4581	3307
月	264	276	288	300	312	324	336
件数	3307	3307	3307	3307	1876	1876	1876
月	348	360	372	384	396	408	420
件数	1876	1876	1007	1007	1007	1007	1007

13499 件の離婚が観察された状況を表しています．ここでは離婚発生時期の「月」を分析対象とします．なお，厚生労働省が公開しているデータでは，表 2.1 のように 6 年目以降は 5 年ごとの集計結果が示されています．そこで，分析に際しては表 2.2 に示すように，10 年目から 35 年未満までの離婚件数を 1 年ごとの件数となるように平均化し，四捨五入した値を使用します．また，表 2.2 から 1 万件を非復元無作為抽出したデータを母数推定用として用います．

本分析例では婚姻期間における離婚発生時期のデータが，観測期間 (婚姻期間) 中の個体 (夫婦) の打ち切りや離脱はないものとして，ワイブル分布に従っていると仮定します．ただし，表 2.1 および表 2.2 は，2014 年に離婚した夫婦について，それまでの同居期間を後ろ向きに調査したデータとなっています．本来であれば，このような離婚発生時期のデータに対してワイブル分布を仮定して分析を行う場合には，前向き研究によって得られた追跡調査データを用いて，結婚した年ごとにそれぞれ異なる母数をもつ 35 個のワイブル分布に従っているものと考えることが一般的です．

しかしここでは，議論を簡単にし，単一のワイブル分布による分析方法を例示するために，表 2.1 のデータに対して次に述べる 2 つの仮定をおきます．まず，35 個のワイブル分布はすべて等値の母数を共有していると仮定します．次に，35 年間に渡り，各年の婚姻件数に変化はないものと仮定します．これら 2 つの仮定 *2) より，表 2.2 のデータを前向き研究によって得られた追跡調査データと見なし，単

*2)　2 番目の仮定は実際に成り立っていないことは明らかですが，ここではワイブル分布の適用例を示すという目的を優先し，このような仮定の下で分析を進めます．

一のワイブル分布によって近似可能なものと見なします．また，離婚時期の分布に関して結婚した時期や年齢によるコホートの影響はないものと仮定します．

まず **RQ.1** に答えるために，(2.5) 式より，以下のワイブル分布の平均値の生成量を定義します．

$$\mu^{(t)} = g(m^{(t)}, \eta^{(t)}) = \eta^{(t)} \Gamma\left(1 + \frac{1}{m^{(t)}}\right) \tag{2.12}$$

また，**RQ.3** に答えるために，(2.7) 式より，以下の最頻値の生成量を定義します．

$$mode^{(t)} = g(m^{(t)}, \eta^{(t)}) = \eta^{(t)} \left(1 - \frac{1}{m^{(t)}}\right)^{\frac{1}{m^{(t)}}} \tag{2.13}$$

母数 m と η の事前分布には，それぞれ定義域を十分広げた一様分布を採用しています．

分析結果

母数と生成量の事後分布の数値要約を表 2.3 に示しました [*3]．離婚した夫婦の平均の同居期間は，$\hat{\mu} = 131.195$ より，約 10 年 11 か月程であることがわかりました (**RQ.1** への回答)．

離婚の発生モデルは，形状母数 m の EAP 推定値と 95%確信区間 $\hat{m} = 1.283[1.263, 1.302]$ より，摩耗故障型といえます (**RQ.2** への回答)．図 2.5 と図 2.6 に推定された確率密度関数とハザード関数を示しました．ハザード関数では摩耗故障型であることが表現されており，婚姻期間が長く続くにつれ，離婚の危険度は増加傾向にあることがわかります．長年連れ添ってきたということに胡坐をかかずに，互いを思いやり，良好な関係を保つ努力はし続ける必要があるようです．ただし，本章の分析では離婚の事実のみに注目し，夫婦ごとの層別を行い

表 2.3　離婚時期データの推定結果

	EAP	post.sd	95%下側	95%上側
m	1.283	0.010	1.263	1.302
η	141.658	1.132	139.465	143.914
μ	131.195	1.003	129.255	133.224
$mode$	43.570	1.463	40.684	46.489

[*3] 4 つのマルコフ連鎖それぞれにおいて，事後分布から 5000 回のサンプリングを行い，最初の 2500 回をウォームアップ期間として破棄し，合計 10000 個の母数の標本を用いて計算した結果を示しています．

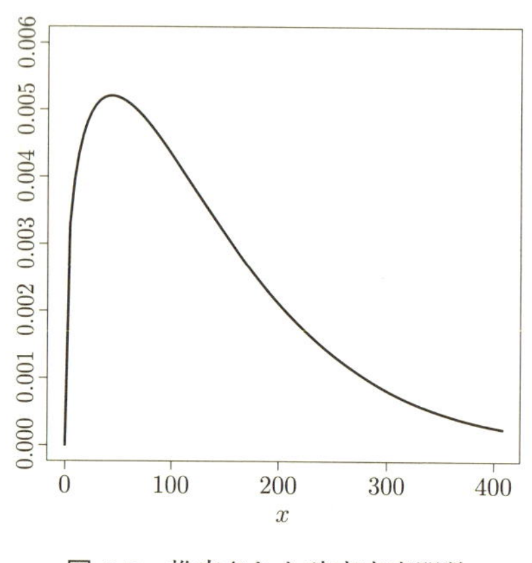

図 **2.5**　推定された確率密度関数

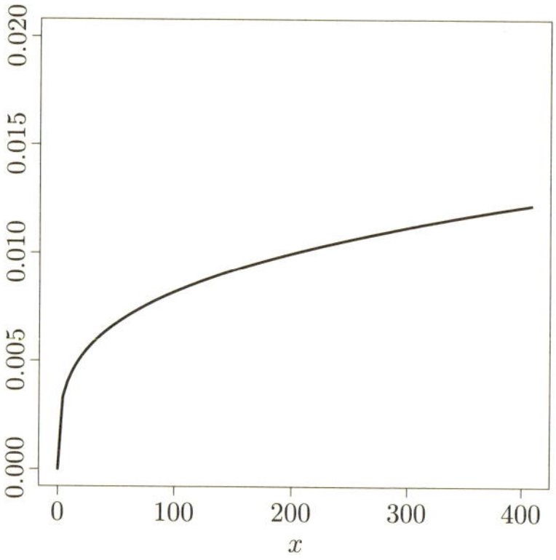

図 **2.6**　推定ハザード関数

ませんでした．世帯構造や職種など，層別方法次第では離婚発生の型が変わる可能性は十分考えられます．

最頻値の推定値を確認すると，$\widehat{mode} = 43.570$ となり，3 年目から 4 年未満の時期であることがわかります．このことから，「3~5 年目が離婚しやすい時期」という話は単なる俗説では片づけられないのかもしれません (**RQ.3** への回答)．摩耗故障型となっているため，結婚後 5 年未満で摩耗故障を起こしていることになります．結婚後 3~5 年目は多くの人にとって，結婚生活を始めてから気づくようになった不満やすれ違いへの我慢の限界が訪れる時期なのかもしれません．

文　　献

Weibull, W. (1951). A statistical distribution function of wide applicability. *Journal of Applied Mechanics*, **18**, 293-297.

ネルソン, W. (著), 奥野忠一 (監訳), 柴田義貞・藤野和建・鎌倉稔成 (訳) (1988). 寿命データの解析. 日科技連出版社.

3 異質性を考慮した二項分布モデルの分析

■ ■ ■

パネルデータや地域データに対し，二項分布を仮定して分析する際には，母比率 θ に関して観測対象や地域固有の特徴である**異質性** (heterogeneity) を考慮に入れる必要があります．例えば李 (2012) では，児童虐待相談対応率には地域差が存在すると考え，二項分布の階層モデルを用いて地域差を考慮した児童虐待相談対応率を推定しています．また，清水・森山 (1996) では雑誌購買度数は個人ごとに異なると考え，ベータ二項分布を用いた分析を行っています．本章では二項分布の母比率に関して異質性を考慮に入れた分析方法を説明します．

3.1 二項分布による分析

母比率 θ に関する異質性を考慮することの重要性を確認するために，はじめに異質性を考慮しない二項分布に関する分析例を示します．表 3.1 は，中学生 100 人 ($N = 100$) のバスケットボールのフリースローの結果です [*1)]．全員 10 本シュートし ($n = 10$)，ゴール回数 x_i ($i = 1, 2, \ldots, 100$) をデータとしています．ここで各生徒でゴール成功率が共通であると仮定すると，各生徒のゴール数 x_i は試行回数 (シュート本数) $n = 10$，成功率 θ の二項分布に従うといえます．二項分布の確率関数は次のように定義されます．

$$f(x \mid n, \theta) = \binom{n}{r} \theta^x (1-\theta)^{n-x} \tag{3.1}$$

二項分布に従う確率変数 X の期待値と分散は

表 3.1　中学生が 10 回フリースローを行った結果

生徒	1	2	3	4	5	…	96	97	98	99	100
ゴール成功回数	1	0	2	9	9	…	5	8	3	0	5

*1)　人工データです．

$$E[X] = n\theta, \quad V[X] = n\theta(1-\theta) \tag{3.2}$$

となります．ここで各生徒に共通の成功率 θ を仮定したフリースローデータに関して分散の推定値と標本分散を比較して，データに対してどの程度当てはまりが良いのか評価してみましょう．二項分布の標本比率 $\hat{\theta}$ は

$$\hat{\theta} = \frac{1}{10 \times 100} \sum_{i=1}^{N} x_i \tag{3.3}$$

となるため，この式に従って算出すると $\hat{\theta} \simeq 0.46$ となります．このとき標本比率 $\hat{\theta}$ の二項分布に従う確率変数 X の分散の推定値は

$$\widehat{V}[X] = 10\hat{\theta}(1-\hat{\theta}) \tag{3.4}$$

で求められ，約 2.48 だとわかりました．しかし実際のデータから標本分散を求めると約 12.75 となり，二項分布を仮定した場合で予測される分散よりも約 5.14 倍も大きくなっています．このような状態を**過分散** (overdispersion) と呼びます．図 3.1 に実測値の成功回数ごとの頻度と $\hat{\theta} \times 10$ で求めた予測値を描画しました．この図からもわかる通り，共通の母比率 θ を仮定した二項分布モデルではデータを適切に表現できていないといえるでしょう．そのため成功率は生徒間で共通ではなく，生徒ごとに異なるものだと考えて分析を行う必要があります．二項分布について異質性を考慮するモデルとして，ここでは 2 つ取り上げます．

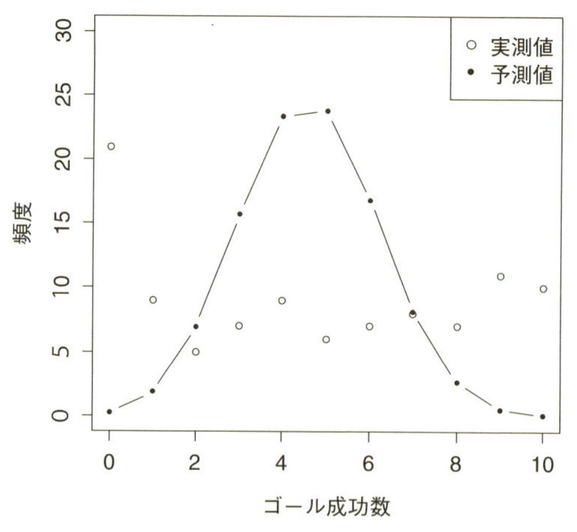

図 3.1 成功回数ごとの頻度 (実測値と予測値)

3.2 二項分布の階層モデル

1つめは二項分布の成功率に確率分布を仮定して，階層モデルとして分析する方法です．この方法では，各生徒のゴール数 $\boldsymbol{x}=(x_1,...,x_N)$ が，それぞれの成功確率 $\boldsymbol{\theta}=(\theta_1,...,\theta_N)$ と試行回数 (シュート本数) n の二項分布に従うと考えます．二項分布の確率関数 (3.1) 式より，全データに関する尤度関数は，

$$l(\boldsymbol{\theta} \mid \boldsymbol{x}) \propto \prod_{i=1}^{N} \theta_i^{x_i}(1-\theta_i)^{n-x_i} \tag{3.5}$$

となります．各生徒の成功率 θ_i には事前分布として母数 [*2)] α_0,β_0 のベータ分布を仮定します．ベータ分布の確率密度関数は次の通りです．

$$f(\theta_i \mid \alpha_0,\beta_0) = B(\alpha_0,\beta_0)^{-1}\theta_i^{\alpha_0-1}(1-\theta_i)^{\beta_0-1} \tag{3.6}$$

また，ベータ関数 $B(\alpha_0,\beta_0)$ は次のように定義されます．

$$B(\alpha_0,\beta_0) = \int_0^1 \theta_i^{\alpha_0-1}(1-\theta_i)^{\beta_0-1}d\theta_i \tag{3.7}$$

個々の生徒の成功率 θ_i に注目して事後分布を計算すると

$$p(\theta_i \mid x_i) \propto f(\theta_i \mid x_i) \times f(\theta_i \mid \alpha_0,\beta_0) \tag{3.8}$$

$$\propto \theta_i^{x_i}(1-\theta_i)^{n-x_i} \times \theta_i^{\alpha_0-1}(1-\theta_i)^{\beta_0-1} \tag{3.9}$$

$$= \theta_i^{x_i+\alpha_0-1}(1-\theta_i)^{n-x_i+\beta_0-1} \tag{3.10}$$

となります．(3.10) 式から成功率 θ_i の事後分布は $\alpha=x_i+\alpha_0$ と $\beta=n-x_i+\beta_0$ のベータ分布であることがわかります．以上より，θ_i に関して事前分布と事後分布が同じ分布族となることから，二項分布の成功率に関して，ベータ分布が自然共役事前分布となることがわかります．図 3.2 と図 3.3 に二項分布とベータ分布を，母数の値を変化させて描画しました．なおベータ分布の期待値と分散は以下となります．

$$E[\theta] = \frac{\alpha}{\alpha+\beta} = \mu, \quad 0 \le \mu \le 1 \tag{3.11}$$

$$V[\theta] = \frac{\alpha\beta}{(\alpha+\beta)^2(\alpha+\beta+1)} = \sigma^2 \tag{3.12}$$

---

*2) 事前分布の母数を超母数 (hyperparameter) と呼ぶこともあります．

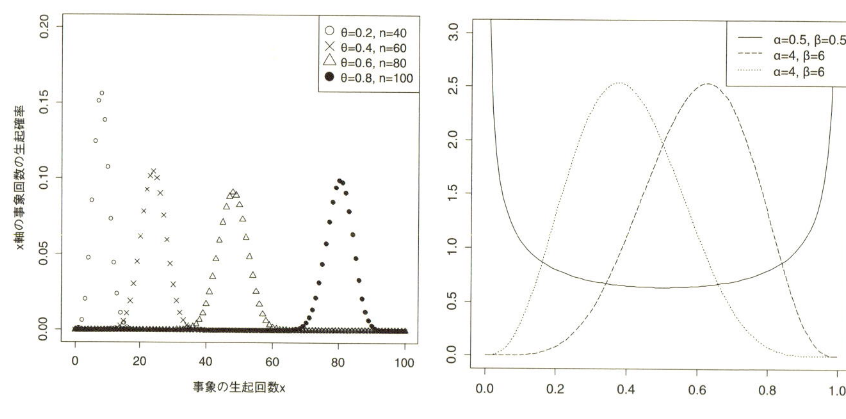

図 3.2　母数を変化させたときの二項分布の確率関数

図 3.3　母数を変化させたときのベータ分布の密度関数

表 3.1 のデータを使って，個々の成功率 θ_i の事後期待値を求めることができます．データを収集する前は，生徒のゴール成功率は平均的に 40% $(E(\theta) = 0.4)$ であると予想し，母数 $\alpha_0 = 2$，$\beta_0 = 3$ のベータ分布を事前分布と想定します．データ収集後，θ_i の事後分布は試行回数とそれぞれの成功回数より，母数 $\alpha = x_i + 2$，$\beta = 10 - x_i + 3$ のベータ分布となります．

上記は通常のベイズ推定の一般的な考え方ですが，ここではサンプリングの安定のためにベータ分布の母数 α, β を再母数化する方法について説明します．ベータ分布の期待値 (3.11) 式を利用して α と β について $\kappa = \alpha + \beta$ とすると

$$\alpha = \left(\frac{\alpha}{\alpha + \beta}\right)(\alpha + \beta) = \mu\kappa \tag{3.13}$$

$$\beta = (\alpha + \beta)\left(1 - \frac{\alpha}{\alpha + \beta}\right) = \kappa(1 - \mu) \tag{3.14}$$

と再表現することができます．μ と κ の範囲はそれぞれ $0 \leq \mu \leq 1$，$0 < \kappa < \infty$ です．事前分布として μ には一様分布を，κ には $\kappa_{\min} = 0.1$，$\zeta = 1.5$ の第 1 種のパレート分布を設定します．これは Gelman et al. (2013, pp.110–111) に基づいて，事後分布が正則な状態になるように事前分布を設定しています．このように再母数化を行うことで安定したサンプリングを行うことができます．

3.3 分 析 例 1

前述の李 (2012) のように，個々の二項分布の母数について知りたい場面を想定します．ここでは二項分布の母数 θ_i がベータ分布に従うと仮定した階層モデルを用いて，個々の θ_i を推定する例を示します．二項分布の階層モデルに関するプレート表現が図 3.4 です．

待機児童問題：表 3.2 は 2014 年の 47 都道府県の児童数と待機児童数データの一部です．児童数を n_i とすると，待機児童数 x_i は母数 n_i, θ_i の二項分布に従うと考えられます．待機児童の比率 (待機児童率) θ_i には都道府県ごとの異質性が反映されていると仮定します．表 3.2 のデータを分析し，**RQ** を検討しましょう．

表 3.2 都道府県別の児童数と待機児童数

都道府県名	北海道	青森	岩手	...	宮崎	鹿児島	沖縄
全児童数	40383	26285	21664	...	18571	24963	30959
待機児童数	64	0	139	...	0	185	1721

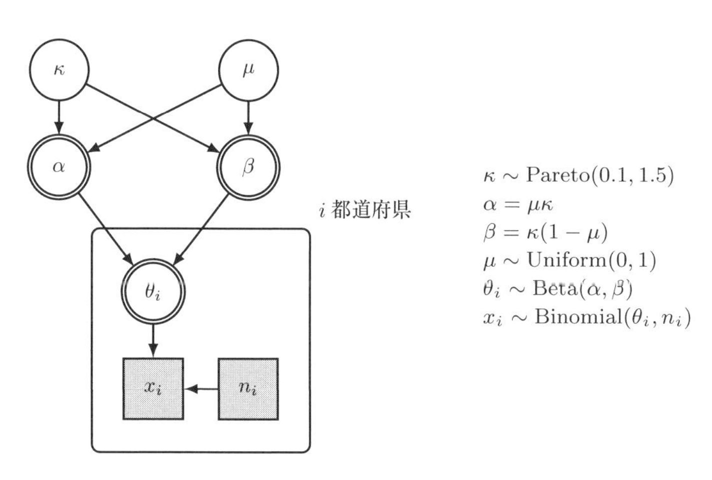

図 3.4 二項分布の階層モデルのプレート表現

RQ.1 都道府県全体の平均待機児童率 μ とその分散 σ^2 はどのくらいでしょうか.

RQ.2 47 都道府県それぞれの待機児童率を求めましょう. また, **RQ.1** で求めた全体平均 μ との差はどのくらいでしょうか.

(3.11) 式より, 都道府県全体の平均待機児童率を求めます. $\mu^{(t)}$ についてはモデル内ですでに母数として定義してあるため, 再度生成量として定義する必要はありません. 同様に (3.12) 式より, 都道府県全体の平均待機児童率の分散 $\sigma^{(t)}$ を求めます. $\sigma^{(t)}, \mu^{(t)}$ の事後分布を要約し, EAP を評価します (**RQ.1**).

続いて 47 都道府県それぞれの待機児童率を求めるため, $\theta_1^{(t)}, \ldots, \theta_{47}^{(t)}$ の事後分布を要約し, EAP を評価します. これらの値と **RQ.1** で求めた $\mu^{(t)}$ の EAP を描画し, 考察を行います (**RQ.2**).

分析結果 1

母数 $\mu, \sigma, \alpha, \beta$ の事後分布の数値要約を表 3.3 に, 各都道府県の待機児童率 $\theta_1, \ldots, \theta_{47}$ の EAP 推定値を表 3.4 に示します [*3].

表 3.3 待機児童問題の母数の推定結果

	EAP	post.sd	2.5%	50%	97.5%
μ	0.009	0.004	0.004	0.008	0.021
σ	0.001	0.001	0.000	0.000	0.002
α	0.196	0.039	0.129	0.193	0.282
β	24.966	11.335	7.339	23.505	51.875

μ の EAP 推定値より, 都道府県全体の平均待機児童率は 0.009 でした (**RQ.1** への回答). 図 3.5 は 47 都道府県それぞれの平均待機児童率 $\theta_1, \ldots, \theta_{47}$ の EAP 推定値をプロットし, かつ都道府県全体の平均待機児童率 $\hat{\mu} = 0.009$ の線を引いたものです. 福島, 埼玉, 兵庫のような, 平均待機児童率が全体平均と近い都道府県が確認できる一方で, 東京や沖縄は平均待機児童率が全体平均よりもかなり高いことが読み取れます (**RQ.2** への回答). また図 3.5 の点線が示す, 都道府

[*3] 4 つのマルコフ連鎖それぞれにおいて, 事後分布から 5000 回のサンプリングを行い, 最初の 2500 回をウォームアップ期間として破棄し, 合計 10000 個の母数の標本を用いて計算した結果を示しています.

表 **3.4**　各都道府県の待機児童率の EAP 推定値

北海道	0.002	東京	0.041	滋賀	0.016	香川	0.000
青森	0.000	神奈川	0.026	京都	0.000	愛媛	0.000
岩手	0.006	新潟	0.000	大阪	0.008	高知	0.000
宮城	0.022	富山	0.000	兵庫	0.008	福岡	0.006
秋田	0.003	石川	0.000	奈良	0.004	佐賀	0.002
山形	0.000	福井	0.000	和歌山	0.000	長崎	0.000
福島	0.009	山梨	0.000	鳥取	0.000	熊本	0.011
茨城	0.005	長野	0.000	島根	0.000	大分	0.000
栃木	0.003	岐阜	0.001	岡山	0.001	宮崎	0.000
群馬	0.000	静岡	0.003	広島	0.000	鹿児島	0.007
埼玉	0.009	愛知	0.001	山口	0.003	沖縄	0.056
千葉	0.015	三重	0.001	徳島	0.003		

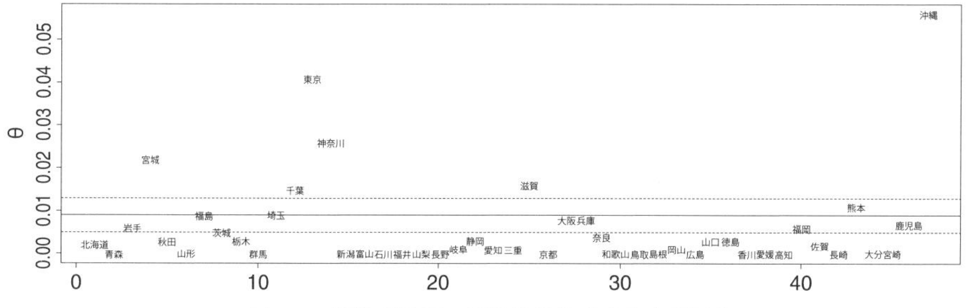

図 **3.5**　都道府県別の平均待機児童率と全体平均

表 **3.5**　$0.004 \leq \theta \leq 0.014$ に含まれる都道府県と含まれない都道府県

$\hat{\theta} < 0.005$ の都道府県	$0.005 \leq \hat{\theta} \leq 0.013$ の都道府県	$\hat{\theta} > 0.013$ の都道府県
北海道, 青森, 秋田, 山形, 栃木, 群馬, 新潟, 富山, 石川, 福井, 山梨, 長野, 岐阜, 静岡, 愛知, 三重, 京都, 奈良, 和歌山, 鳥取, 島根, 岡山, 広島, 山口, 徳島, 香川, 愛媛, 高知, 佐賀, 長崎, 大分, 宮崎	岩手, 福島, 茨城, 埼玉, 大阪, 兵庫, 福岡, 熊本, 鹿児島	宮城, 千葉, 東京, 神奈川, 滋賀, 沖縄

県全体の平均待機児童率 μ の EAP 推定値から事後標準偏差を足し引きした範囲 $0.005 \leq \hat{\theta} \leq 0.013$ に含まれている都道府県とその範囲以上，以下の都道府県を表 3.5 に示します．

3.4 ベータ二項分布モデル

2つめの方法は，ベータ二項分布を利用する方法です．ベータ二項分布では，先ほどと同様に，まずはじめに二項分布の成功率 θ_i にベータ分布を仮定し，二項分布とベータ分布の積をとります．

$$f(x_i, \theta_i \mid \alpha_0, \beta_0) = f(x_i \mid \theta_i) \times f(\theta_i \mid \alpha_0, \beta_0) \tag{3.15}$$

この条件付き分布に関して，成功率 θ_i を周辺化して得られる以下の分布がベータ二項分布です．ベータ関数 $B(\alpha, \beta)$ は (3.7) 式で定義しました．

$$\int f(x_i, \theta_i \mid \alpha_0, \beta_0) d\theta_i = f(x_i \mid \alpha_0, \beta_0) \tag{3.16}$$

$$= \binom{n}{x_i} \frac{B(x_i + \alpha_0, n - x_i + \beta_0)}{B(\alpha_0, \beta_0)} \tag{3.17}$$

ベータ二項分布モデルでは，個々の観測対象の成功率は求めず，2つの母数 α_0 と β_0 のみを推定します．

3.5 分　析　例　2

ここではベータ二項分布をネズミの胎児死亡率に関するデータに適用し，推定された母数から様々な考察を行います．

ネズミ胎児死亡率問題：表 3.6 は，鉄欠乏のネズミのヘモグロビンのレベル，雌 1 匹につき妊娠した胎児の数，死亡した胎児の数のデータの一部です．ネズミは個体によりヘモグロビンレベルが異なっており，また 3 群に分けてそれぞれ 3 週間，異なる頻度で投薬が行われています．第 1 群は何も投薬を受けていない群 (31 匹)，第 2 群は初日と 7 日目に投薬を受けた群 (5 匹)，第 3 群は毎週投薬を受けた群 (10 匹) です．そのため分析者は「ネズミの胎児死亡率は，それぞれのネズミ固有の特徴が含まれている」と「投薬の頻度が異なるため，胎児死亡率 $\boldsymbol{\theta}_1 = \{\theta_{11}, \ldots, \theta_{1I_1}\}$ $(I_1 = 31)$，$\boldsymbol{\theta}_2 = \{\theta_{21}, \ldots, \theta_{2I_2}\}$ $(I_2 = 5)$，$\boldsymbol{\theta}_3 = \{\theta_{31}, \ldots, \theta_{3I_3}\}$ $(I_3 = 10)$ はそれぞれ異なる分布に従う」という 2 つの仮定をおき，分析を行いました．ネズミごとの妊

娠数を n_{ji} ($i = 1, \ldots, I_i,\ j = 1, 2, 3$), $I = I_1 + I_2 + I_3 = 46$ とすると，死亡数 x_{ji} は母数 n_{ji}, θ_{ji} の二項分布に従うと考えられます．表 3.6 のデータを分析し，**RQ** を考察しましょう．第 j 群のデータにベータ二項分布モデルを当てはめたプレート表現を図 3.6 に示しています．

表 3.6 群別の (ヘモグロビンレベル, 一腹子数, 死亡数)

第 1 群	(4.1,10,1)	(3.2,11,4)	(4.7,12,9)	(3.5,4,4)	(3.2,10,10)
			⋮		
	(4.4,13,13)	(5.2,4,3)	(3.9,8,8)	(7.7,13,5)	(5.0,12,12)
第 2 群	(11.2,8,0)	(11.5,11,1)	(12.6,14,0)	(9.5,14,1)	(9.8,11,0)
第 3 群	(16.6,3,0)	(14.5,13,0)	(15.4,9,2)	(14.5,17,2)	(14.6,15,0)
	(16.5,2,0)	(14.8,14,1)	(13.6,8,0)	(14.5,6,0)	(12.4,17,0)

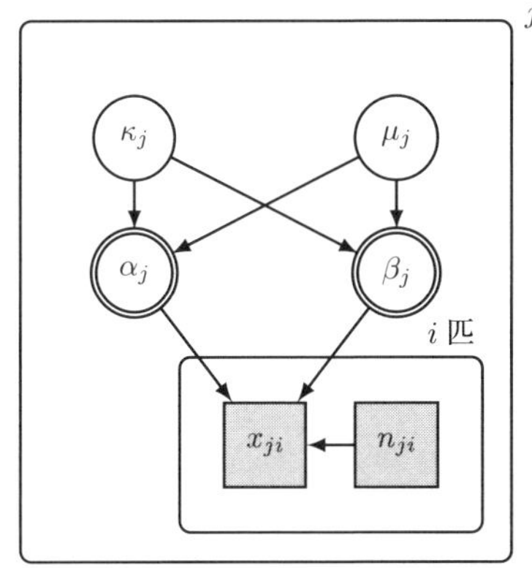

$$
\begin{aligned}
\alpha_j &= \mu_j \kappa_j \\
\beta_j &= \kappa_j (1 - \mu_j) \\
\mu_j &\sim \text{Uniform}(0, 1) \\
\kappa_j &\sim \text{Pareto}(0.1, 1.5) \\
x_{ji} &\sim \text{Beta\_Binomial}(\alpha_j, \beta_j, n_{ji})
\end{aligned}
$$

図 3.6 ベータ二項分布モデルのプレート表現

RQ.1 投薬の頻度が異なる 3 群の平均的な胎児死亡率はどのくらいでしょうか．また 95%の確信でどの程度の幅だといえるでしょうか．

RQ.2 第 1 群と第 2 群の平均胎児死亡率の差について，「投薬を受けていない第 1 群は，投薬されている第 2 群よりも胎児死亡率が大きいはずだ」，「2 回投薬されている第 2 群は，毎週投薬されている第 3 群よりも胎児死亡率が大きいはずだ」という仮説を立てました．この 2 つの仮説を検証しましょう．

RQ.3 それぞれの平均胎児死亡率の差 η_1, η_2 が正になる確率 $U_{\mu_1>\mu_2}, U_{\mu_2>\mu_3}$ はどのくらいでしょうか.

RQ.4 平均胎児死亡率が $\mu_1 > \mu_2 > \mu_3$ となる確率 $U_{\mu_1>\mu_2>\mu_3}$ はどのくらいでしょうか.

RQ.5 投薬を受けていない第1群は毎週投薬を受けている第3群に比べ, 何倍胎児が死亡しやすいのでしょうか.

(3.11) 式より, 2 群の平均胎児死亡率を求めます [*4]. 分析例 1 と同様に $\mu_1^{(t)}, \mu_2^{(t)}, \mu_3^{(t)}$ の事後分布を要約し, EAP と確信区間を評価します (**RQ.1**).

RQ.3 の仮説を検証するために, まずそれぞれ 2 つの平均的な胎児死亡率の差 $\eta_1 = \mu_1 - \mu_2$, $\eta_2 = \mu_2 - \mu_3$ の EAP を確認しましょう. 続いてそれぞれ 2 群の平均的な胎児死亡率の差を求めるため, 以下のような生成量を定義します.

$$\eta_1^{(t)} = g(\mu_1^{(t)}, \mu_2^{(t)}) = \mu_1^{(t)} - \mu_2^{(t)}, \quad \eta_2^{(t)} = g(\mu_2^{(t)}, \mu_3^{(t)}) = \mu_2^{(t)} - \mu_3^{(t)} \tag{3.18}$$

$\eta_1^{(t)}, \eta_2^{(t)}$ の事後分布を要約し, EAP と確信区間の点を評価します (**RQ.2**).

続いて平均胎児死亡率の差 η_1, η_2 が正になる確率を求めるため, 以下のような生成量を定義します.

$$u_{\mu_1>\mu_2}^{(t)} = g(\mu_1^{(t)}, \mu_2^{(t)}) = \begin{cases} 1 & \mu_1^{(t)} - \mu_2^{(t)} = \eta_1^{(t)} > 0 \\ 0 & \text{それ以外の場合} \end{cases} \tag{3.19}$$

$$u_{\mu_2>\mu_3}^{(t)} = g(\mu_2^{(t)}, \mu_3^{(t)}) = \begin{cases} 1 & \mu_2^{(t)} - \mu_3^{(t)} = \eta_2^{(t)} > 0 \\ 0 & \text{それ以外の場合} \end{cases} \tag{3.20}$$

$u_{\mu_1>\mu_2}^{(t)}$, $u_{\mu_2>\mu_3}^{(t)}$ の事後分布を要約し, その EAP を評価します (**RQ.3**).

「平均胎児死亡率が $\mu_1 > \mu_2 > \mu_3$ となる確率」を求めるため, **RQ.3** で求めた $u_{\mu_1>\mu_2}^{(t)}$, $u_{\mu_2>\mu_3}^{(t)}$ を使って以下のような生成量を定義します.

$$u_{\mu_1>\mu_2>\mu_3}^{(t)} = g(\mu_1^{(t)}, \mu_2^{(t)}, \mu_3^{(t)}) = u_{\mu_1>\mu_2}^{(t)} \times u_{\mu_2>\mu_3}^{(t)} \tag{3.21}$$

この EAP が求めたい確率となります (**RQ.4**).

事象の起こる確率を 2 つの群で比較したいときにはオッズ比 (odds ratio) を使います. 第3群は第1群に比べて胎児がどのくらい死亡しやすいのかを知りたい

---

*4) ここで扱う $\mu_i, i = 1, 2, 3$ はベータ分布の平均であることに注意してください.

場合，オッズ比は以下のように定義することができます．

$$\text{オッズ比} = \frac{\mu_3(1-\mu_1)}{(1-\mu_3)\mu_1} \tag{3.22}$$

投薬を受けていない第1群は毎週投薬を受けている第3群に比べ，何倍胎児が死亡しやすいのかを求めるために，(3.22) 式より，以下のような生成量を定義します．

$$\gamma^{(t)} = g(\mu_1^{(t)}, \mu_3^{(t)}) = \frac{\mu_3^{(t)}(1-\mu_1^{(t)})}{(1-\mu_3^{(t)})\mu_1^{(t)}} \tag{3.23}$$

$\gamma^{(t)}$ の事後分布を要約し，EAP と確信区間を評価します (**RQ.5**).

分 析 結 果 2

母数と生成量の事後分布の数値要約を表 3.7 に示します [*5]．3 群の平均死亡率はそれぞれ $\hat{\mu}_1 = 0.760[0.654, 0.847]$，$\hat{\mu}_2 = 0.239[0.042, 0.550]$，$\hat{\mu}_3 = 0.162[0.035, 0.377]$ でした．何も投薬を受けていない群の死亡率が最も高く，毎週投薬を受けた群の死亡率が最も低いことがわかりました．ただし 95%確信区間をみると，μ_2 と μ_3 の確信区間が被っていることがわかります (**RQ.1** への回答)．2 群の平均胎児死亡率の差はそれぞれ $\hat{\eta}_1 = 0.521[0.197, 0.748]$ と $\hat{\eta}_2 = 0.077[-0.221, 0.414]$ でした．第1群と第2群の平均的な差は 0.521 であり，95%確信区間を見ても 0 を跨いでいませんでした．一方第2群と第3群の平均的な差は 0.077 であり，95%確信区間が 0 を跨いでいたため，差があるとは断

表 **3.7** ネズミ胎児死亡率問題の母数・生成量の推定結果

	EAP	post.sd	2.5%	50%	97.5%
μ_1	0.760	0.050	0.654	0.764	0.847
μ_2	0.239	0.133	0.042	0.219	0.550
μ_3	0.162	0.089	0.035	0.145	0.377
η_1	0.521	0.143	0.197	0.540	0.748
η_2	0.077	0.160	−0.221	0.066	0.414
$U_{\mu_1>\mu_2}$	1.000	0.022	1.000	1.000	1.000
$U_{\mu_2>\mu_3}$	0.679	0.467	0.000	1.000	1.000
$U_{\mu_1>\mu_2>\mu_3}$	0.679	0.467	0.000	1.000	1.000
γ	26.552	25.211	4.900	19.004	94.236

[*5] 4 つのマルコフ連鎖それぞれにおいて，事後分布から 5000 回のサンプリングを行い，最初の 2500 回をウォームアップ期間として破棄し，合計 10000 個の母数の標本を用いて計算した結果を示しています．

言できません (**RQ.2** への回答). それでは実際に 2 群の平均胎児死亡率の差が正になる確率を考察します. それぞれ $\widehat{U}_{\mu_1>\mu_2} = 1.000$ と $\widehat{U}_{\mu_2>\mu_3} = 0.679$ でした. 第 1 群のほうが第 2 群よりも死亡率が高い確率は 100%, 第 2 群のほうが第 3 群よりも死亡率が高い確率は 67.9%であることがわかりました (**RQ.3** への回答). $U_{\mu_1>\mu_2}$ の EAP 推定値が 1.000 であるため, 平均胎児死亡率が $\mu_1 > \mu_2 > \mu_3$ となる確率も $U_{\mu_2>\mu_3}$ の EAP 推定値と同様の $\widehat{U}_{\mu_1>\mu_2>\mu_3} = 1 \times 0.679 = 0.679$ となりました (**RQ.4** への回答). 最後に γ の EAP 推定値より, 投薬を受けていない第 1 群は毎週投薬を受けている第 3 群に比べて死亡率が平均的に 26.552 倍大きくなることがわかりました (**RQ.5** への回答).

文　献

Gelman, A., Carlin, J. B., Stern, H. S. and Rubin, D. B. (2013). *Bayesian Data Analysis*. Chapman & Hall/CRC.

Stan Development Team (2015). *Stan Modeling Language User's Guide and Reference Manual Stan Version 2.9.0.*

久保拓弥 (2012). データ解析のための統計モデリング入門. 岩波書店.

厚生労働省 (2014). 保育所関連状況取りまとめ.

清水邦夫・森山智裕 (1996). 修正ベータ・二項分布とその雑誌購買度数データへの応用. 応用統計学, **25**(2), 49-60.

豊田秀樹 (2015). 基礎からのベイズ統計学—ハミルトニアンモンテカルロ法による実践的入門—. 朝倉書店.

李政元 (2012). 二項-ベータ階層ベイズモデルによる児童虐待相談対応率の地域差に関する研究：都道府県政令指定都市別による多重比較. 総合政策研究, **41**, 29-36.

渡辺洋 (1999). ベイズ統計学入門. 福村出版.

4　フォン・ミーゼス分布

■ ■ ■

「ある地点はどの方角からの風が吹きやすいのか」や「ある地点で観測される渡り鳥はどの方角から飛んでくるのか」という疑問があった際に，それぞれ考察の対象となるデータは図 4.1 に示したような，「観測された風向」や「渡り鳥が飛んできた方向」の観測データです．本章ではこのような円周上の値として与えられるデータを対象とした統計解析を紹介します．

4.1　円 周 デ ー タ

円周データは通常のデータと異なる特徴をもつため，取り扱う際に注意する必要があります．なぜなら，通常の算術平均では，実際の分布の中心的な位置としてそぐわない値が計算される可能性があるからです．図 4.2 に具体例を示します．315° と 45° の平均は直感的に 0° であると予想できますが，算術平均の結果は $(315+45)/2 = 180°$ になります．このように，円周上の値として与えられるデータは，0° から 360° が，一直線上にあるのではなく，360° は 0° に戻るという循環する性質をもっています．このような循環するデータを円周データ (circular

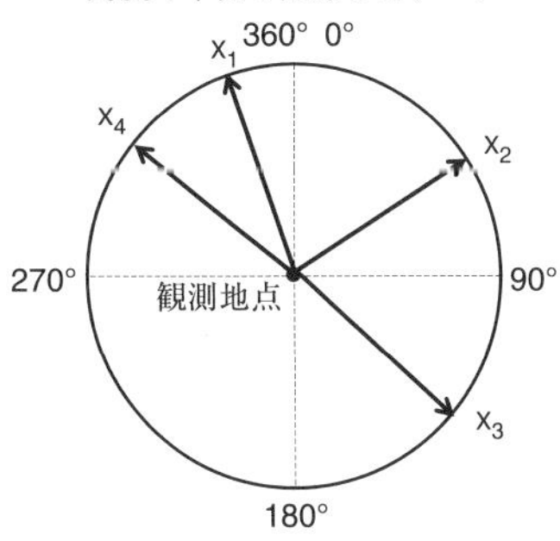

図 4.1　円周上の値として観察されるデータの例

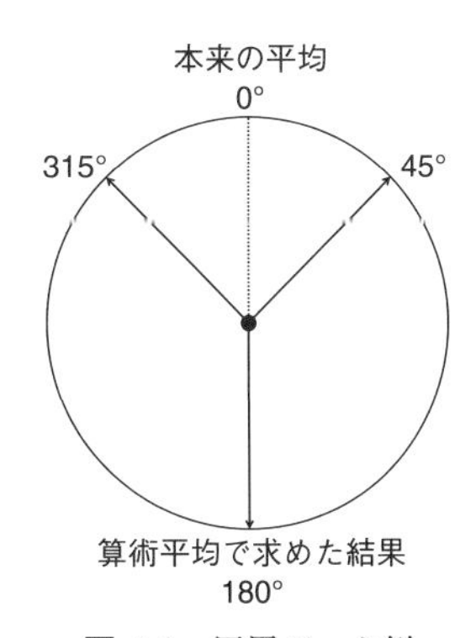

図 4.2　円周データ例

表 **4.1**　風向データ

	1	2	3	4	5	...
風向 (角度)	335.154	356.287	350.125	355.097	46.991	...

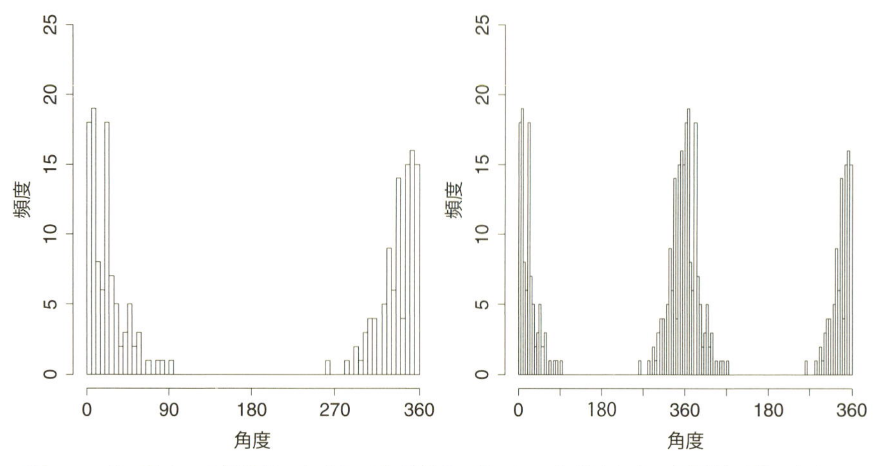

図 **4.3**　左：表 4.1 の風向データのヒストグラム，右：ヒストグラムを 2 回続けて描いたもの

data) と呼びます．具体例として風向データを使い，円周データの分析方法を解説します．表 4.1 は北を 0° としたとき，風が吹いてくる方向を角度として記録したデータです [*1]．まず，グラフを使い表 4.1 のデータの傾向を見てみましょう．ヒストグラムを描いたものが図 4.3 左です．ここで注意したいのが本来循環しているデータを人為的に切断していることです．データの傾向を正しく読み取る方法の 1 つとして図 4.3 右のようにヒストグラムを 2 回繰り返して描くやり方があります．円周データを記述するもう 1 つの方法はローズダイアグラムです．図 4.4 は先ほどと同じデータをローズダイアグラムで描画したものです．ローズダイアグラムとは中心角で階級の角度を表し，半径でデータの度数を表したものです．ただし，先ほどのヒストグラムと同様にローズダイアグラムは階級幅などを変化させると形状が変わってしまうため注意が必要です．また，扇型の半径をデータの度数と一対一対応させて描画すると頻度が誇張されてしまいます．ヒストグラムとローズダイアグラムの相対的な面積を一致させて描くためには，扇の半径を度数の平方根に比例させる必要があります．

[*1]　R パッケージ `circular` を用いて生成した人工データです．

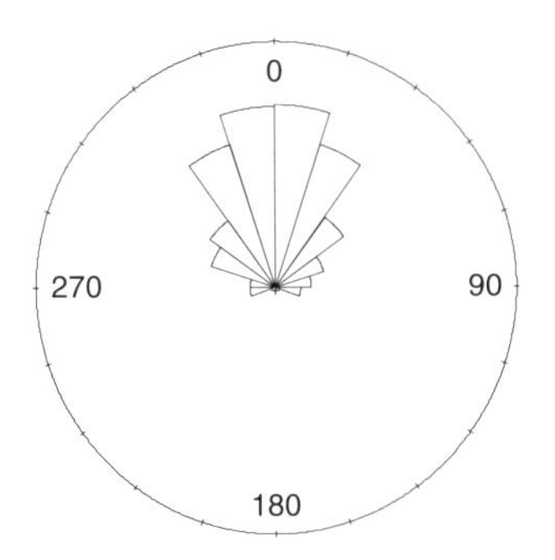

図 **4.4** 風向データのローズダイアグラム

続いて，円周データの記述統計について説明します．以降の説明のために，まず度数法で記録されたデータをラジアン変換します[*2)]．データの標本数を n，観測データを z_i $(i = 1, \ldots, n)$ とすると，以下の式を用いることで，ラジアン単位に変換することができます．

$$x_i = r(z_i) = z_i \times \frac{\pi}{180} \tag{4.1}$$

はじめにデータのばらつきを表す指標を 3 つ紹介します．先ほど描いた図 4.3 や図 4.4 から，風がある一定方向から集中して吹いているように見えます．この集中の度合いを表すのが**平均合成ベクトル長** (mean resultant length) です．平均合成ベクトル長 $\bar{R}$ は以下のように定義されます．

$$\bar{R} = \frac{\sqrt{C^2 + S^2}}{n}, \quad 0 \leq \bar{R} \leq 1 \tag{4.2}$$

$$\left[C = \sum_{i=1}^{n} \cos x_i, \quad S = \sum_{i=1}^{n} \sin x_i \quad (0 \leq x < 2\pi)\right]$$

x_i が円周上に均等に分布している場合は $\bar{R} = 0$，一方 x_i がすべて同値の場合は $\bar{R} = 1$ となります．表 4.1 のデータの平均合成ベクトル長を求めると $\bar{R} \simeq 0.877$ となり，データがある方向に集中していることがわかります．$\bar{R}$ の値が大きければ，データのばらつきは小さくなります．そのため通常のデータ分析と同様に，値が大きいほど，ばらつきが大きいことを示すような指標にするため以下の変換を行います．

---

*2) ラジアンとは角度を表現する単位の 1 つであり，1 ラジアン = $180°/\pi$ と計算できます．ラジアンを単位として角度を表現する方法を弧度法と呼び，$1°$ を基本単位として角度を表現する方法を度数法と呼びます．

$$V = 1 - \bar{R}, \quad 0 \leq V \leq 1 \tag{4.3}$$

ここで求められた値 V を**円周分散** (circular variance) と呼び，通常の分散と同様に，値が大きいほどデータのばらつきが大きいと解釈できます．表 4.1 のデータの円周分散は $1 - 0.877 \simeq 0.123$ となり，値が小さいためちらばりが少ないことがわかります．

また，以下で定義される**円周標準偏差** (circular standard deviation) は正規分布の標準偏差と同様の解釈ができます．

$$v = \left\{-2\log(\bar{R})\right\}^{1/2}, \quad 0 \leq v \leq \infty \tag{4.4}$$

この定義式で求めた円周標準偏差の値の単位はラジアンになります (Mardia, 1972)．表 4.1 のデータの円周標準偏差を求めると $v \simeq 0.513$ でした．度数法の表記にするためには以下のような変換が必要になります．

$$v' = \frac{v \times 180}{\pi} \tag{4.5}$$

先ほど求めた v を度数法の表記に変換すると $v' \simeq 29.381$ となり，風向は平均から約 29.381° 散らばっていると解釈できます．

次に，データが集中している方向 (**平均方向** (mean direction)) μ を求めます．$\bar{R} > 0$ のとき，平均方向 μ は以下のように定義されます．

$$S = \sum_{i=1}^{n} \sin x_i, \quad C = \sum_{i=1}^{n} \cos x_i, \quad 0 \leq x < 2\pi$$

$$\mu = \begin{cases} \tan^{-1}(S/C) & C > 0,\ S \geq 0 \\ \pi/2 & C = 0,\ S > 0 \\ \tan^{-1}(S/C) + \pi & C < 0 \\ 3\pi/2 & C = 0,\ S < 0 \\ \tan^{-1}(S/C) + 2\pi & C > 0,\ S < 0 \end{cases} \tag{4.6}$$

この定義式で求めた平均方向の値の単位はラジアンになります．度数法の表記にするためには以下のような変換が必要になります．

$$\mu' = \frac{\mu \times 180}{\pi} \tag{4.7}$$

表 4.1 データの平均方向は $\mu \simeq 6.270$ でした．度数法の表記に変換すると $\mu' = 359.2445$ となり，図 4.4 の頻度の多い方向と一致していることがわかります．

4.2　フォン・ミーゼス分布

方向統計学の分野では，円周データが従う分布としてフォン・ミーゼス分布 (von Mises distribution)*3) がよく用いられます．フォン・ミーゼス分布は対照的かつ単峰な形状をもつため，循環正規分布とも呼ばれます．フォン・ミーゼス分布の確率密度関数は次式で定義されます *4)．

$$f(x \mid \mu, k) = \frac{1}{2\pi I_0(k)} \exp\{k \cos(x - \mu)\} \tag{4.8}$$

$$I_v(k) = \frac{1}{2\pi} \int_0^{2\pi} \cos(vx) \exp^{k \cos x} dx \tag{4.9}$$

μ $(0 \leq \mu < 2\pi)$ は (4.6) 式で定義した平均方向と同様の解釈が可能なパラメータで，k $(k \geq 0)$ は**集中度** (concentrate parameter) を表すパラメータです．k が 0 のときフォン・ミーゼス分布は円周上での一様分布になり，値が大きくなると正規分布に近づきます．フォン・ミーゼス分布における平均合成ベクトル長は

$$\bar{A} = \frac{I_1(k)}{I_0(k)} \tag{4.10}$$

であるため，円周分散と円周標準偏差はそれぞれ

$$V = 1 - \bar{A} \tag{4.11}$$

$$v = \left\{-2 \log(\bar{A})\right\}^{1/2} \tag{4.12}$$

と定義されます．

4.3　分　　析　　例

フォン・ミーゼス分布は時間的な周期性をもつデータに対しても当てはめることができます．ここでは 24 時間の時刻データを分析例として扱います．表 4.2*5)

---

*3) 詳細は蓑谷 (2003) を参考にしてください．

*4) $I_v(k)$ は v 次の第 1 種修正 Bessel 関数 (modified Bessel function of the first kind of the order v) です．

*5) アクセス時刻データは R パッケージ `circular` を用いて生成した人工データです．アクセス時刻データは小数点以下の値が 10 進法表記になっていることに注意してください．例えば，データ 1 の 18.973 を 60 進法表記にすると，18 時 58 分 22 秒になります．また，Stan で推定を行う際にはラジアン変換を行ったデータを使用する必要があります．

のデータにフォン・ミーゼス分布の混合分布を仮定し，いくつかのリサーチクエスチョンを考察してみましょう．

アクセス時刻問題：あるアプリは1日1回起動するたびにポイントが貰えます．表 4.2 は 500 人分のアプリを起動した時刻のデータで，そのローズダイアグラムが図 4.5 です．

表 4.2 アプリのアクセス時刻

	1	2	3	...	498	499	500
アクセス時間	18.973	23.6888	11.4406	...	22.7068	16.2682	17.2667

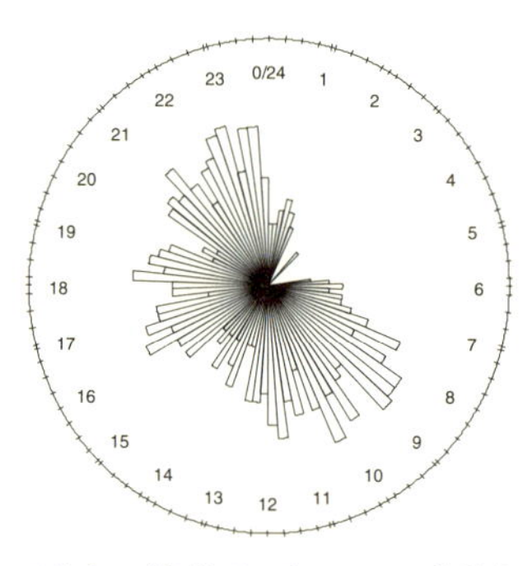

図 4.5 アクセス時刻データのローズダイアグラム

RQ.1 分析者は図 4.5 を見て，大きく分けて 3 つ，もしくは 4 つの群 (クラス) があるのではないかと考えました．混合分布モデルを利用し，WAIC (付録 B.4 参照) を用いてどちらのモデルを採用すべきか考察しましょう (**RQ.2** 以降は **RQ.1** で選択されたモデルを利用して考察します)．

RQ.2 各群それぞれの平均的なアクセス時刻を求めましょう．

RQ.3 アクセス時刻は平均的にどのくらい散らばっているか，円周分散を用いて答えてください．

RQ.4 アクセス時刻は時間で表すとどのくらいのばらつきをもっているのか，円周標準偏差を用いて答えてください．

はじめにWAICを比較しモデル選択を行います．分析者の予想が外れている場合を考慮して，群数が2つの場合のWAICも求めて比較しましょう．各モデルにおいて，J 個の群に関して混合比率を θ_j とし，各群に平均方向 μ_j と共通の集中度 k のフォン・ミーゼス分布を仮定します．3つのモデルのWAICを比較し，WAICの値が小さいモデルを採用します (**RQ.1**).

次に，各群の平均的なアクセス時刻を求めるため，(4.7) 式を用いて μ'_j $(j = 1, \ldots, J)$ という J 個の生成量を定義します．

$$\mu'^{(t)}_j = g(\mu'^{(t)}_j) = \frac{\mu^{(t)}_j \times 180}{\pi} \tag{4.13}$$

$\mu'^{(t)}_j$ $(j = 1, \ldots, J)$ の事後分布のEAPを使い，実際の時刻を求めることができます．時刻データは0時と24時が繋がっている円周データのため，1時間は15度に対応しています．例えば $\mu' = 67.55°$ としたとき，以下のような方法で具体的な時刻を求めることができます．

$$67.55/15 \fallingdotseq 4.5033 \text{ (4時であることがわかる)} \tag{4.14}$$

$$0.5033 \times 60 = 30.198 \text{ (30分であることがわかる)} \tag{4.15}$$

$$0.198 \times 60 = 11.88 \text{ (11秒88であることがわかる)} \tag{4.16}$$

$\mu'_1, \ldots, \mu'_J$ のEAPを使って具体的な時刻を求めます (**RQ.2**).

アクセス時刻の平均的な散らばりを求めるため，(4.11) 式を用いて以下のような生成量を定義します．

$$V^{(t)} = g(k^{(t)}) = 1 - \frac{I_1(k^{(t)})}{I_0(k^{(t)})} \tag{4.17}$$

この生成量 $V^{(t)}$ の事後分布を要約し，EAPを評価します (**RQ.3**).

実際の時間単位ではどのくらいばらついているのかを求めるため，(4.12) 式を用いて以下のような生成量を定義します．

$$v^{(t)} = g(k^{(t)}) = \left\{-2\log\left(\frac{I_1(k^{(t)})}{I_0(k^{(t)})}\right)\right\}^{1/2} \tag{4.18}$$

(4.5) 式を用いて，この $v^{(t)}$ のEAPを度数法の単位に変換します．さらに (4.15) 式から (4.16) 式の手順で実際の時間に変換した値を評価します (**RQ.4**).

分析結果

それぞれ群数を2から4に変化させたときのWAICを比較した結果を表4.3に示します[*6)]. WAICの値から，群数を4としたモデルの当てはまりが最もよいと判断できます(**RQ.1**への回答). そこで，アクセス時間帯を4群に分けたモデルを用いて考察を行います.

表 **4.3**　母数の数とWAIC

	2母数	3母数	4母数
WAIC	3.339	3.228	3.203

母数と生成量の事後分布の数値要約を表4.4に示します[*7)]. $\mu'_1, \ldots, \mu'_4$ から求めた4群それぞれの平均的なアクセス時刻はおよそ8:52:01, 11:56:30, 17:19:53, 22:20:57となりました. 各群のアクセス時刻は朝，昼，夕方，夜のそれぞれに集中していることがわかりました(**RQ.2**への回答). 次にVの推定結果より，4つの群にに共通するアクセス時刻のばらつきは平均的に0.078であることがわかりました(**RQ.3**への回答). 実際にどのくらいのばらつきがあるのかvを用いて求めた結果，1時間32分であることがわかりました(**RQ.4**への回答).

表 **4.4**　アクセス時刻問題の母数・生成量の推定結果

	EAP	post.sd	2.5%	50%	97.5%
μ'_1	133.006	3.695	126.223	132.751	140.477
μ'_2	179.129	7.063	164.997	179.198	192.850
μ'_3	259.972	3.416	253.123	259.955	266.163
μ'_4	335.239	2.218	330.841	335.308	339.475
V	0.078	0.010	0.063	0.077	0.103
v	0.404	0.025	0.361	0.401	0.465

*6)　4つのマルコフ連鎖それぞれにおいて，事後分布から500回のサンプリングを行い，最初の250回をウォームアップ期間として破棄し，合計1000個の母数の標本を用いて計算した結果を示しています.

*7)　表4.4の結果は推定された1000個の母数標本からRパッケージ `circular` 内にある `quantile.circular()`,`mean.circular()`,`sd.circular()` を使って求めた数値です.

文　　献

Lund, U. and Agostinelli, C. (2015). Circular Statistics. R package version 0.4-7. `https://cran.r-project.org/package=circular`

Mardia, K. V. (1972). *Statistics of Directional Data.* Academic press.

Pewsey, A., Neuhauser, M. and Ruxton, G. D. (2013). *Circular Statistics in R.* Oxford University Press.

Stan Development Team (2015). *Stan Modeling Language User's Guide and Reference Manual.Stan Version 2.9.0* .

新井宏嘉 (2011). 地質学における方向データ解析法：円周データの統計学. 地質学雑誌, **117**(10), 547-564.

清水邦夫 (2006). 方向統計学の最近の発展. 計算機統計学, **19**(2), 127-150.

蓑谷千凰彦 (2003). 統計分布ハンドブック. 朝倉書店.

5 パレート分布

■ ■ ■

パレート分布は経済学者 Vilfredo Pareto (1848–1923) によって所得の分布として提案されました．同様に所得の分布として用いられる対数正規分布と比較して，より裾の重い形状を示すことから，パレート分布は少数の人間が全所得の大部分を占めるような場合に用いられます．所得の分布以外にも，パレート分布は“代表的な尺度”をもたない事象[*1)]の分布をうまく近似することが知られています．例えば，地震のマグニチュード，Web サイトの被リンク数，月のクレーターの大きさ等がこれに該当します．

5.1 第 1 種のパレート分布

パレート分布には，第 1 種のパレート分布，第 2 種のパレート分布，一般化パレート分布等，複数の種類がありますが，ここでは，解析的な指標が豊富である第 1 種のパレート分布を紹介します．

第 1 種のパレート分布の確率密度関数は

$$f(x|\alpha,\beta) = \begin{cases} \dfrac{\beta\alpha^{\beta}}{x^{\beta+1}} & \alpha \le x < \infty, \quad \alpha > 0, \quad \beta > 0 \\ 0 & \text{それ以外の場合} \end{cases} \tag{5.1}$$

と表されます．分布関数は

$$F(x|\alpha,\beta) = 1 - \left(\frac{\alpha}{x}\right)^{\beta} \tag{5.2}$$

です．第 1 種のパレート分布の期待値および分散は

---

*1) 確率変数 X の確率分布を $p(x)$ としたとき，X を b 倍した確率分布 $p(bx)$ が

$$p(bx) = h(b)p(x)$$

を満たすとき，X は「スケールフリー性を有する」といいます．これは，ある事象の尺度を変換したときの分布はもとの形状を保ったまま，拡大，もしくは縮小されたものであると解釈でき，分布の形状に対して“代表的な尺度”をもたないことを意味します．

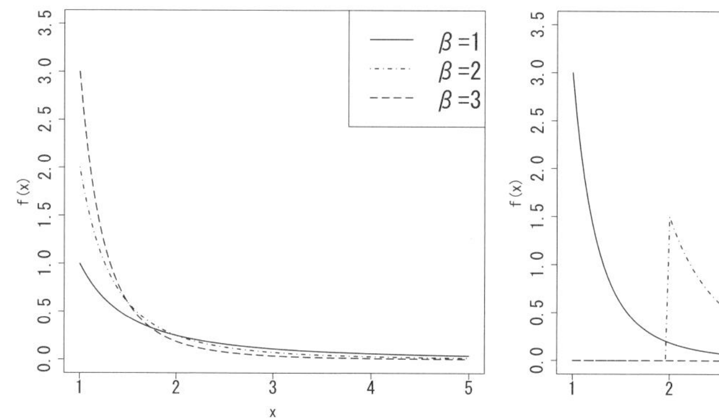

図 5.1 $\alpha = 1$ で固定し，β を変化させたときの第 1 種のパレート分布の確率密度関数

図 5.2 $\beta = 3$ で固定し，α を変化させたときの第 1 種のパレート分布の確率密度関数

$$E[X] = \frac{\beta\alpha}{\beta - 1}, \quad \beta > 1 \tag{5.3}$$

$$V[X] = \frac{\beta\alpha^2}{(\beta - 1)^2(\beta - 2)}, \quad \beta > 2 \tag{5.4}$$

であり，最頻値および中央値は

$$\text{最頻値} = \alpha \tag{5.5}$$

$$\text{中央値} = 2^{1/\beta}\alpha \tag{5.6}$$

で求めることができます．

第 1 種のパレート分布について，$\alpha = 1$ で固定し，$\beta = 1, 2, 3$ と変化させたときの確率密度関数を図 5.1 に，$\beta = 3$ で固定し，$\alpha = 1, 2, 3$ と変化させたときの確率密度関数を図 5.2 に示します．

図 5.1 より，$\alpha = 1$ のときには，$x = 1$ において，β を最大密度とした単調減少関数が確認できます．また，図 5.2 より，単調減少関数は $x = \alpha$ の値が始点となることが見てとれます．いずれの場合においても，密度関数は右側に裾を引いた正に歪んだ分布を示しており，第 1 種のパレート分布では 最頻値 $<$ 中央値 $\leq$ 期待値 という関係が成り立ちます．

5.2 分　析　例

火星クレーター問題：2xxx 年，地球上の人口は増え続けており，火星に人類を移住させる計画が進められています．天文学者の N さんは専門家として，このプロジェクトに参加することになりました．火星が人類にとって住みよい環境であるのか疑問に思った N さんは，火星におけるクレーターの大きさの分布について調べてみることにしました．これまでに観測された 1 km 以上の火星のクレーターの直径を表 5.1 に示します *2)．ここから，以下の **RQ** について考えてみましょう．

表 5.1　火星におけるクレーターの直径に関するデータ (単位:km)

クレーター	1	2	3	4	5	6	7	8	9	10
直径	7.68	1.31	1.90	1.29	1.01	1.04	1.53	1.44	1.56	1.58
クレーター	11	12	13	14	15	16	17	18	19	20
直径	1.01	18.50	1.45	29.77	1.20	1.95	1.34	2.44	1.73	1.46
					⋮					
クレーター	4991	4992	4993	4994	4995	4996	4997	4998	4999	5000
直径	4.26	1.66	1.51	1.13	1.56	1.11	1.50	1.32	6.86	1.84

RQ.1　火星におけるクレーターの直径の期待値の EAP はどれくらいでしょうか．また，95 % の確信でどの区間に存在するといえるでしょうか．

RQ.2　クレーターの中央値の EAP はどれくらいでしょうか．また，95 % の確信でどの区間に存在するといえるでしょうか．

RQ.3　クレーターの期待値と中央値の差が 1.0 km を超える確率はどれくらいでしょうか．

RQ.4　これまでに観測されたクレーターの直径の 90%点は平均的にどれくらいでしょうか．また，95 % の確信でどの区間に存在するといえるでしょうか．

---

*2) NASA によって設立された Dr. Stuart Robbins の火星クレーターデータベース (`http://craters.sjrdesign.net/`) で公開されている情報をもとに作成した実データです．

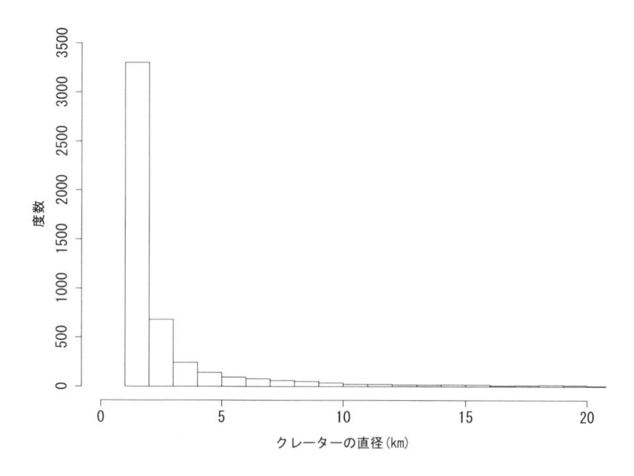

図 **5.3**　火星におけるクレーターの直径のヒストグラム

まず，火星におけるクレーターの直径が第 1 種のパレート分布に従っていると仮定します．母数 α と β には，定義域を十分広げた一様分布を事前分布として用います．(5.3) 式より，以下の生成量を定義して，クレーターの直径の期待値の推定を行います．

$$\mu^{(t)} = g(\alpha^{(t)}, \beta^{(t)}) = \frac{\beta^{(t)}\alpha^{(t)}}{\beta^{(t)} - 1} \tag{5.7}$$

$\mu^{(t)}$ の事後分布を要約して，EAP と確信区間を評価します (**RQ.1**).

第 1 種のパレート分布の中央値は (5.6) 式で求めることができました．そこで，以下の生成量を定義して，クレーターの直径の中央値の推定を行います．

$$\eta^{(t)} = g(\alpha^{(t)}, \beta^{(t)}) = 2^{1/\beta^{(t)}}\alpha^{(t)} \tag{5.8}$$

$\eta^{(t)}$ の事後分布を要約して，EAP と確信区間を評価します (**RQ.2**).

研究仮説「クレーターの直径の期待値と中央値の差は 1.0 km 以上である」が成り立つ確率を求めるため，以下の生成量を定義します．

$$u_{\mu-\eta>1.0}^{(t)} = g(\mu^{(t)}, \eta^{(t)}) = \begin{cases} 1 & \mu^{(t)} - \eta^{(t)} > 1.0 \\ 0 & \text{それ以外の場合} \end{cases} \tag{5.9}$$

$u_{\mu-\eta>1.0}^{(t)}$ は $\mu^{(t)} - \eta^{(t)}$ が 1.0 よりも大きければ 1 を返し，そうでなければ 0 を返す関数です．$u_{\mu-\eta>1.0}^{(t)}$ の比率を求めることで，クレーターの直径の期待値と中央値の差が 1.0 km を超える確率を評価することができます (**RQ.3**).

第 1 種のパレート分布の q%点である ξ_q は分布関数の逆関数である以下の式で求めることができます.

$$\xi_q = \frac{\alpha}{(1-q)^{1/\beta}} \tag{5.10}$$

そこで，以下の生成量を定義し，この事後分布を要約することで%点の推測を行います.

$$\xi_q^{(t)} = g(\alpha^{(t)}, \beta^{(t)}) = \frac{\alpha^{(t)}}{(1-q)^{1/\beta^{(t)}}} \tag{5.11}$$

ここでは，$q = 0.90$ とすることで，これまでに観測されたクレーターの直径の 90%点の EAP と確信区間を評価します (**RQ.4**).

分 析 結 果

母数と生成量の事後分布の数値要約を表 5.2 に示します [*3]．β の EAP は $1 < \hat{\beta} = 1.398 < 2$ であり，(5.3) 式と (5.4) 式の条件式より，火星のクレーターの直径に関して，期待値は求まりますが分散は求まらないことがわかります.

クレーターの直径の期待値 μ の EAP は 3.518(0.123)，であり，95% の確信で [3.295, 3.778] に存在することがわかります (**RQ.1** への回答)．クレーターの中央値 η の EAP は，1.642(0.011)[1.620, 1.665] であることから (**RQ.2** への回答)，中央値 < 期待値という関係が成り立っています．ここで，期待値と中央値の乖離を定量的に評価してみましょう．研究仮説「クレーターの直径の期待値と中央値の差は 1.0 km 以上である」が成り立つ確率は $u_{\mu-\eta>1.0}$ の EAP より，100% で

表 5.2 母数と生成量の事後分布の数値要約

	EAP	post.sd	2.5%	25%	50%	75%	97.5%
α	1.000	0.000	0.999	1.000	1.000	1.000	1.000
β	1.398	0.019	1.360	1.385	1.398	1.411	1.436
μ	3.518	0.123	3.295	3.433	3.515	3.595	3.778
η	1.642	0.011	1.620	1.634	1.642	1.649	1.665
$U_{\mu-\eta>1.0}$	1.000	0.000	1.000	1.000	1.000	1.000	1.000
$\xi_{0.90}$	5.194	0.118	4.971	5.114	5.194	5.271	5.436

*3) 1 つのマルコフ連鎖を用いて，事後分布から 10000 回のサンプリングを行い，最初の 5000 回をウォームアップ期間として破棄し，5000 個の母数の標本を用いて計算した結果を示しています.

す (**RQ.3** への回答). 期待値は中央値より 1 km 以上値が高く, 乖離が大きいと考えられます. よって, 分布の中心的な位置を言及する際には, 中央値を用いる方が, より分布の実態を表しているでしょう.

これまでに観測されたクレーターの直径の 90%点 $\xi_{0.90}$ の EAP は 5.194(0.118) [4.971, 5.436] であることから, 平均的に 90% のクレーターが直径 5.194 km 以下であるといえます (**RQ.4** への回答).

5.3　正に歪んだ分布を用いたモデル比較

前節では, データに対して, 第 1 種のパレート分布を仮定して分析を行いました. しかし, その他の理論分布が第 1 種のパレート分布よりもよい当てはまりを示す可能性も考えられます. そこで, 本節では, 第 1 種のパレート分布と同様に定義域が $0 < x < \infty$ であり, なおかつ正に歪んだ形状を示す 2 つの理論分布を候補として, WAIC によるモデル比較を行います.

1 つめの候補として, 対数正規分布を挙げます. 前述したように, 対数正規分布は第 1 種のパレート分布と同様に所得の分布として用いられることから, 代替の可能性は十分考えられます. 対数正規分布の確率密度関数は以下で定義されます.

$$f(x|\mu,\sigma^2) = \frac{1}{\sqrt{2\pi}\sigma x}\exp\left[-\frac{(\log x-\mu)^2}{2\sigma^2}\right] \tag{5.12}$$

対数正規分布においても, 最頻値 < 中央値 < 期待値 という関係が成り立ちます.

2 つめの候補として, ガンマ分布を利用します. ガンマ分布はポアソン過程に従う事象の待ち時間の分布として用いられることが多いですが, その形状の豊かさから, 適用範囲は多岐に及びます. ガンマ分布の確率密度関数は以下で定義されます.

$$f(x|\alpha,\lambda) = \frac{\lambda^\alpha}{\Gamma(\alpha)}x^{\alpha-1}e^{-\lambda x} \tag{5.13}$$

ここで, α は形状母数, λ は尺度母数として, 分布の形を決定します.

分　析　結　果

相対度数を用いたヒストグラムの上に EAP 推定値を代入して描いた第 1 種のパレート分布と対数正規分布, およびガンマ分布の確率密度関数を図 5.4 に示し, それぞれの分布における WAIC を表 5.3 に示します. 図 5.4 を目視すると, 第 1

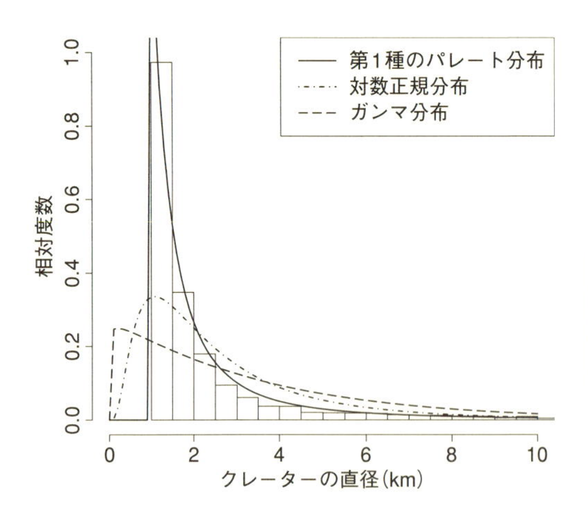

図 5.4　ヒストグラムの上に描いた 3 つの分布 (クレーターデータ)

表 5.3　WAIC (クレーターデータ)

分布	WAIC
第 1 種のパレート分布	13807
対数正規分布	19102
ガンマ分布	22612

種のパレート分布の当てはまりがよさそうに見えます．実際に，WAIC の観点からも第 1 種のパレート分布において最も低い値を示しており，クレーターのデータに対して，第 1 種のパレート分布の当てはまりがよいことが示唆されます．

文　　献

Newman, M. E. (2005). Power laws, Pareto distributions and Zipf's law. *Contemporary Physics*, **46**(5), 323-351.

Pareto, V. (1896). *Cours d'Economie Politique*. Rouge.

蓑谷千凰彦 (2003). 統計分布ハンドブック. 朝倉書店.

6 非対称正規分布

■ ■ ■

心理学をはじめ，教育学や社会学など様々な分野の統計解析場面において，正規分布 (normal distribution) は最も頻繁に利用される分布です．調査で得られた尺度得点や試験で得られるテスト得点などは，多くの場合，正規分布で近似できます．また，因子分析や回帰分析などの多変量解析においても，変数に仮定される分布として利用され，因子 (潜在変数) や誤差変数に正規分布が仮定されます．

しかし，すべての変数に対して正規分布を適用できるというわけではありません．例えば，収入や貯蓄高の分布は，左右対称の分布とはならず，正に歪んだ分布となります．また，体重の分布やブランド価値の分布も正に歪むことがわかっています．図 6.1 の左には，正規分布で近似できる例として，YG 性格検査の衝動性に関する尺度得点のヒストグラムを示し，図 6.1 の右には，正に歪んだ分布の例として，プロ野球選手 (内野手) の体重のヒストグラムを示しました．それぞれのヒストグラムには，データから計算される平均と分散を利用した密度関数も同時に示しています．尺度得点のヒストグラムでは，正規分布によってデータの特徴をうまく表せていますが，体重のヒストグラムは分布が右に裾を引いており，正規分布ではデータの特徴を適切に表現できているとはいえません．

分布が対称でない場合の対処法として，2 つの考え方があります．1 つは，変数

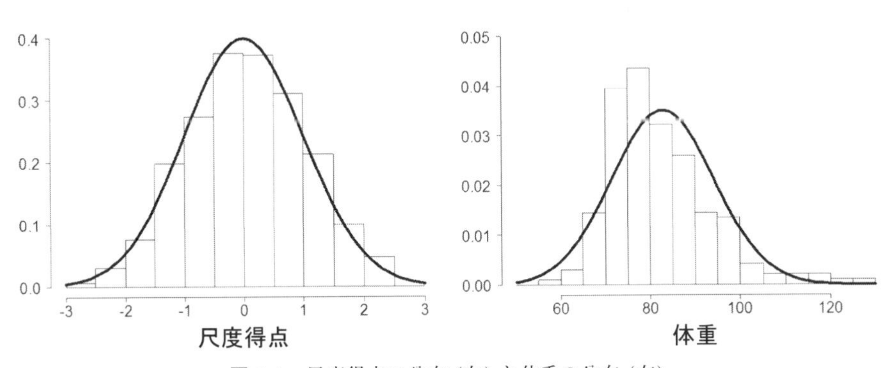

図 6.1　尺度得点の分布 (左) と体重の分布 (右)

に適切な変換を施して正規分布に導く方法で，もう 1 つは変数に直接適当な分布を想定する方法です (竹内, 1975)．変数に変換を施すことも 1 つの方法ですが，もとの単位のまま分布の特徴を把握したい場合には，適切な分布を想定する方法が有用です．本章では，正規分布の特徴を整理した上で，分布の歪みも考察できる非対称正規分布について説明します．

6.1 正規分布と非対称正規分布

平均 μ_1，分散 μ_2 の正規分布の確率密度関数は，

$$f(x|\mu_1, \mu_2) = \frac{1}{\sqrt{2\pi\mu_2}} \exp\left\{-\frac{(x-\mu_1)^2}{2\mu_2}\right\} \tag{6.1}$$

によって表されます．正規分布が頻繁に利用される理由として，様々な現象が正規分布によって近似できるという点だけでなく，数理的に扱いやすいという点も挙げられます．また，標本平均の分布が正規分布に近づくという中心極限定理は，統計学において重要な役割を果たしています．

上述の点に加え，正規分布は，原点周りの 1 次の積率 (平均) と平均周りの 2 次の積率 (分散) を母数として明示的に，かつ独立に表現できるという利点があります．例えば，χ^2 分布の母数を r とすると，平均は r，分散は $2r$ となります．また，ガンマ分布の形状母数を α，尺度母数を β とすると，平均は $\alpha\beta$，分散は $\alpha\beta^2$ となります．これらの分布では，平均や分散が母数を変換した形で，また従属関係をもって計算されます．一方，正規分布では，2 つの母数 μ_1 と μ_2 がそのまま平均と分散に対応します．正規分布が統計解析において最も利用される理由は，このように 2 次までの積率を明示的に，かつ独立に母数そのものとして特定でき，この性質が大変便利なためです．

統計解析において，分布の位置 (1 次の積率，平均) と分布の散らばり (平均周りの 2 次の積率，分散) に加えて，分布の歪みを考察することは，非常に重要です．分布の歪みを表現した確率分布の 1 つに，Azzalini (1985) によって提案された非対称正規分布 (skew normal distribution) があります．

確率変数 X が以下の確率密度関数をもつとき，確率変数 X は母数 c の非対称正規分布に従うといい，$SN(c)$ と表されます．

$$f(x|c) = 2\phi(x)\Phi(cx) \tag{6.2}$$

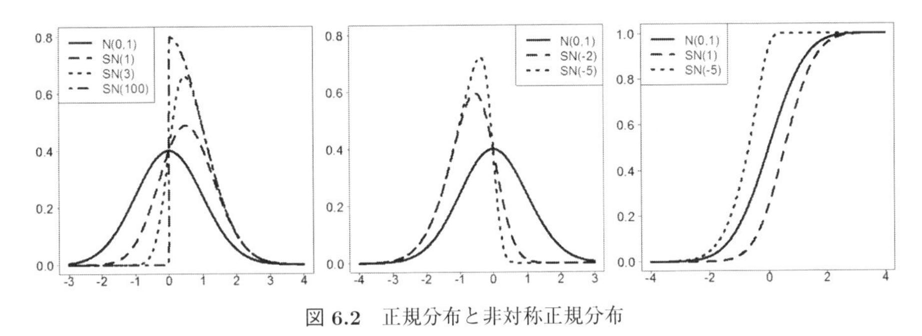

図 **6.2**　正規分布と非対称正規分布

ここで，$\phi(x)$ は標準正規分布の密度関数であり，$\Phi(x)$ は標準正規分布の累積分布を表します．

$$\phi(x) = \frac{1}{\sqrt{2\pi}}e^{-x^2/2}, \qquad \Phi(x) = \int_{-\infty}^{x} \phi(u)du \tag{6.3}$$

図 6.2 左には，標準正規分布と $c = 1, 3, 100$ の非対称正規分布を，図 6.2 中央には，標準正規分布と $c = -2, -5$ の非対称正規分布を，図 6.2 右には，標準正規分布の累積分布と $c = 1, -5$ の非対称正規分布の累積分布を示します．c の値が正に大きくなるにつれて正に歪み，負に大きくなるにつれ負に歪むことがわかります．また，$c = 100$ の分布が示すように，非対称正規分布は c の値が大きくなると半正規分布に近づきます．

母数 c の非対称正規分布に従う確率変数 X に関して，平均，分散，歪度は次式で計算されます [*1]．

$$E[X] = \sqrt{\frac{2}{\pi}}\delta \tag{6.4}$$

$$V[X] = 1 - \left(\sqrt{\frac{2}{\pi}}\delta\right) \tag{6.5}$$

$$歪度\,[X] = \frac{4-\pi}{2}\mathrm{sign}(c)\left(\frac{c^2}{\frac{\pi}{2}+(\frac{\pi}{2}-1)c^2}\right)^{3/2} \tag{6.6}$$

$$\delta = \frac{c}{\sqrt{1+c^2}} \tag{6.7}$$

母数 c を推定することによって，歪みの程度を考察することができます．ただし，従来の表現方法では，平均や分散を直接指定することはできません．また，群間で歪みを比較したり，潜在変数の歪みを考察したりすることもできません．そこ

[*1]　sign 関数は，実数に対しその符号に応じて $1, -1, 0$ を返す関数です．

で，以下の節からは，豊田ら (2015) で提案された平均と分散と歪度を直接特定できる非対称正規分布について説明します．

6.2 3次までの積率を独立に特定できる非対称正規分布

(6.2) 式で示した母数 c の非対称正規分布に従う確率変数 X に関して，2つの定数 a と b を用いてアフィン変換を施した新しい確率変数 Y を考えます．

$$y = \sqrt{b}x + a \tag{6.8}$$

新しい確率変数 Y の確率分布は，変換のヤコビアン $|J| = 1/\sqrt{b}$ より，

$$f(y|a,b,c) = f\left(\frac{y-a}{\sqrt{b}}|c\right)|J| = \frac{2}{\sqrt{b}}\phi\left(\frac{y-a}{\sqrt{b}}\right)\Phi\left(c\frac{y-a}{\sqrt{b}}\right) \tag{6.9}$$

となります．

ここで，分析者が指定できる3つの独立変数 μ_3, μ_2, μ_1 を導入し，さらに以下に示す3つの関数 g_3, g_2, g_1 を構成します．

$$c = g_3(\mu_3) = \mathrm{sign}(\mu_3)\sqrt{\frac{\frac{\pi}{2}d}{1-(\frac{\pi}{2}-1)d}} \tag{6.10}$$

$$b = g_2(\mu_2, c) = g_2(\mu_2, g(\mu_3)) = g_2(\mu_2, \mu_3) = \frac{\mu_2}{V[X]} \tag{6.11}$$

$$a = g_1(\mu_1, \mu_2, \mu_3) = \mu_1 - E[X]\sqrt{\frac{\mu_2}{V[X]}} \tag{6.12}$$

ただし，$d = \sqrt[3]{\mu_3^2/(4-\pi)^2}$ です．独立変数 μ_3 は関数 g_3 によって c に変換されます．また，μ_3 と μ_2 から関数 g_2 によって b が生成され，μ_3 と μ_2 と μ_1 から関数 g_1 によって a が生成されます．(6.9) 式に関して，新しい確率変数 Y はそのままにして，母数のみを変換した新たな確率密度関数に注目します．

$$\begin{aligned} f(y|a,b,c) &= f(y|g_1(\mu_1,\mu_2,\mu_3), g_2(\mu_2,\mu_3), g_3(\mu_3)) \\ &= f(y|\mu_1,\mu_2,\mu_3) \end{aligned} \tag{6.13}$$

(6.13) 式は，新しい確率変数 Y の確率分布が分析者の指定した3つの独立変数 μ_1, μ_2, μ_3 によって決まることを表しています．具体的には，指定した μ_1, μ_2, μ_3 が (6.10) 式，(6.11) 式，(6.12) 式によって a, b, c に変換され，確率密度関数 ((6.9) 式) が導かれます．

ここで，(6.8) 式のアフィン変換の意味を考えます．(6.11) 式と (6.12) 式を (6.8) 式に代入して整理すると，

$$
\begin{aligned}
y &= \sqrt{b}x + a \\
&= \sqrt{\frac{\mu_2}{V[X]}}x + \mu_1 - E[X]\sqrt{\frac{\mu_2}{V[X]}} \\
&= \sqrt{\frac{\mu_2}{V[X]}}(x - E[X]) + \mu_1 \\
&= \sqrt{\mu_2} \times \frac{x - E[X]}{\sqrt{V[X]}} + \mu_1 \qquad (6.14)
\end{aligned}
$$

となります．つまり，関数 g_2 と g_1 は，確率変数 X を非対称正規分布の母平均 $E[X]$ と母分散 $V[X]$ を用いて標準化を行った後に，再び μ_1 と μ_2 を用いてアフィン変換を施すように構成されています．標準化された変数に対してアフィン変換を行っているので，新しい確率変数 Y の期待値と分散は，

$$E[Y] = \mu_1 \qquad (6.15)$$

$$V[Y] = \mu_2 \qquad (6.16)$$

となります．また，関数 g_3 は (6.6) 式の左辺を μ_3 とおいて c に関して解いた関数です．つまり，μ_3 と c は一対一で対応しており，アフィン変換によって母歪度は変化しないため，

$$\text{歪度}\ [Y] = \mu_3 \qquad (6.17)$$

となります．ただし，母歪度 μ_3 の範囲には制限があります．非対称正規分布の確率密度関数は $c \to \pm\infty$ のとき半正規分布の確率密度関数に収束するため，半正規分布の歪度以上の歪みは表現できません．具体的には，c の極限をとると

$$
\begin{aligned}
&\lim_{c \to \pm\infty} \frac{4-\pi}{2}\mathrm{sign}(c)\left(\frac{c^2}{\frac{\pi}{2} + (\frac{\pi}{2} - 1)c^2}\right)^{3/2} \\
&\qquad = \mathrm{sign}(c)\frac{4-\pi}{2}\left(\frac{\pi}{2} - 1\right)^{-3/2} \doteqdot \pm 0.99527 \qquad (6.18)
\end{aligned}
$$

となることがわかっています．つまり，約 ±1.0 を超える歪度は扱うことができませんので，この点には注意が必要です．

6.3 分　析　例

3 次までの積率を特定できる非対称正規分布を，プロ野球選手の身長と体重の

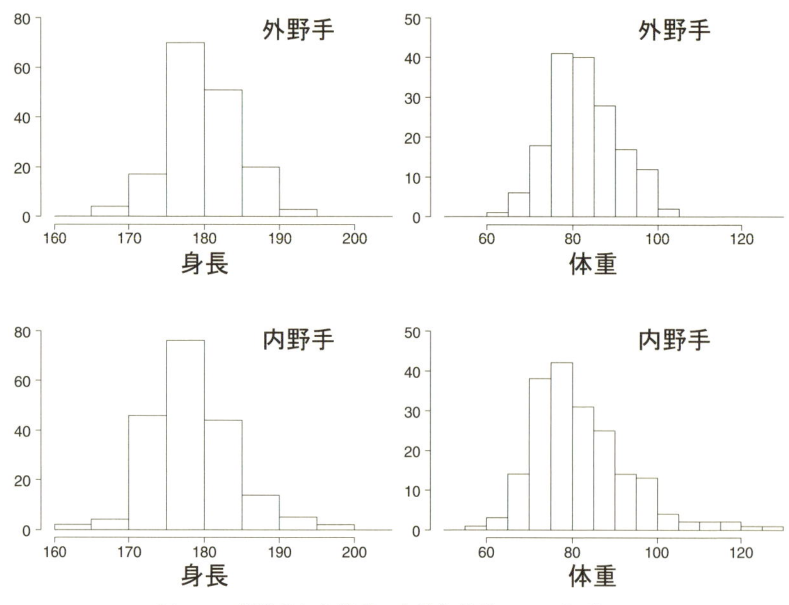

図 **6.3** 外野手と内野手の身長と体重のヒストグラム

表 **6.1** 外野手と内野手の身長と体重の要約統計量

	身長			体重		
	平均	分散	歪度	平均	分散	歪度
外野手	179.89	19.51	−0.05	82.04	47.09	0.15
内野手	178.29	22.44	−0.06	80.44	77.87	0.61

データに適用します．2015 年度に登録された日本人選手のうち，外野手 165 人と内野手 193 人のデータに関して，身長と体重のヒストグラムを図 6.3 に，要約統計量を表 6.1 に示します．表 6.1 より，身長と体重の平均は外野手のほうが高く，分散は内野手のほうが両方において大きいことがわかります．また，内野手の体重の歪度が大きく，図 6.3 より分布が正に歪んでいることが見て取れます．

6.3.1 正規分布と非対称正規分布の比較

はじめに，外野手および内野手の身長と体重のデータに関して，正規分布と非

表 **6.2**　正規分布と非対称正規分布の WAIC

	身長		体重	
	正規	非対称	正規	非対称
外野手	851.53	853.28	980.36	981.21
内野手	1014.84	1016.19	1226.39	1216.29

対称正規分布を適用します．それぞれのモデルの WAIC を表 6.2 に示します [*2)]．表 6.2 より，身長のデータに関しては，外野手および内野手のどちらにおいても正規分布のほうが当てはまりがよいことがわかります．一方，体重データに関しては，外野手は正規分布のほうが若干当てはまりがよく，内野手では非対称正規分布のほうが当てはまりがよいと判断できます．

6.3.2　2 つの群における分布の違いの分析

続いて，体重データに非対称正規分布を仮定した上で，外野手と内野手のデータを同時に分析し，3 次までの積率の違いから 2 つの群の特徴を考察します．平均，分散，歪度に関して等値制約を課した 8 つのモデルを構成し，WAIC によりモデル比較を行います．各モデルの WAIC は表 6.3 のようになりました．ここから，平均，分散，歪度は 2 つの群でそれぞれ異なるというモデルが最も当てはまりがよいことがわかります．当てはまりのよかったモデルの推定結果を表 6.4 に示します．

表 6.4 より，内野手よりも外野手のほうが平均体重は重いですが，分散は内野手のほうが大きいことがわかります．外野手の守備範囲は広いため，体格はしっかりしていたとしても，ボールの落下位置に走れないほどの体重では守備はできません．一方，内野手は一塁手・三塁手と二塁手・遊撃手で役割が異なります．一塁手と三塁手は比較的守備範囲が狭く，体重の重い選手でも守備ができます．二

表 **6.3**　WAIC によるモデル比較

	異分散		等分散	
	異歪度	等歪度	異歪度	等歪度
異平均	2196.72	2198.57	2203.21	2203.05
等平均	2198.00	2200.20	2208.08	2208.46

---

*2)　4 つの連鎖を発生させ，各連鎖で 10000 回のサンプリングを行い，前半の 5000 個をウォームアップ期間としました．事後統計量は各連鎖におけるウォームアップ期間後のサンプル 20000 個を用いて計算します．

表 **6.4** 母数の推定結果

	EAP	post.sd	2.5%	50%	97.5%
$\mu_1^{外}$	82.06	0.58	80.91	82.05	83.19
$\mu_2^{外}$	49.66	6.22	38.86	49.15	63.29
$\mu_3^{外}$	0.25	0.16	0.02	0.24	0.58
$\mu_1^{内}$	80.50	0.68	79.18	80.49	81.87
$\mu_2^{内}$	79.96	9.48	63.70	79.15	100.85
$\mu_3^{内}$	0.56	0.14	0.26	0.58	0.79

塁手と遊撃手は，細かなステップや俊敏な動きを必要とするため，体重が重すぎる選手には務まらず，小柄な選手が担当することもあります．

内野手はどこを守るかによって，様々なタイプの選手がいるため，体重の分散が大きくなったと考えられます．また，体重が際立って重い強打者が一塁を守ることが多いため，正に歪んだ分布となったのかもしれません．

本章では，3 次までの積率を独立に特定できる非対称正規分布について解説し，観測変数に対する分析例を示しました．この分布は，潜在変数にも利用することができ，豊田ら (2015) ではブランド価値の歪みに関して分析を行っています．

文　　献

Azzalini, A. (1985). A class of distribution which includes the normal ones. *Scandinavian Journal of Statistics*, **12**, 171-178.

竹内啓 (1975). 統計的データの確率分布, 行動計量学, **3**, 26-34.

豊田秀樹・池原一哉・吉田健一 (2015). 3 次までの積率を独立に特定できる非対称正規分布—ブランド価値の分布の分析—. データ分析の理論と応用, **4**, 57-77.

第 2 部

汎用的な解析技法

7 リンク関数

■ ■ ■

個々のデータ点の集まりは，その性質に応じて適当な理論分布による記述がなされます．例えば単位時間における，窓口への問い合わせ件数や，ある場所での交通事故発生件数はポアソン分布に従っているといわれます．また，コインを投げ，表裏どちらが出るかを記録する試行結果はベルヌイ分布によって表現されます．

これらのデータからは，分布の母数の推定と推論によって有用な情報が得られますが，母数について，関連する変数による線形構造を仮定することで，データのさらなる説明や予測を試みたい場合もあります．例えばデータ y が 100 点満点のテスト得点であり，説明変数 x が勉強時間であるとします．このとき，変数間の線形構造 (線形結合) は，ベイズ統計学では

$$y_i \sim \text{Normal}(\mu_i, \sigma), \qquad \mu_i = b + ax_i \tag{7.1}$$

と表されます．ここで b は切片，a は係数です．i は観測対象を表しています．母数の推定値を $\hat{b}$，$\hat{a}$ とすると予測値 $\hat{y}_i$ は

$$\hat{y}_i = \hat{b} + \hat{a}x_i \tag{7.2}$$

と表されます．上記モデルでは将来新たなデータを取得した場合，当該データが線形構造によって構成される期待値 (予測値) μ_i の周りで正規分布することが仮定されます．そうでない場合にはリンク関数 (link function) を用いて変換した分布の期待値に対して線形構造を仮定します．以降では期待値によって条件付けられたデータがベルヌイ分布，二項分布，ポアソン分布，負の二項分布に従っていると仮定される場合に，分布の期待値に対して線形構造を導入する方法を紹介します．

7.1 ベルヌイ分布のリンク

確率が一定の下で，互いに独立な試行を行い，結果が 2 値で表されるとき，こ

れをベルヌイ試行といい，その試行結果に関する確率変数が従う分布をベルヌイ分布と呼びます．ベルヌイ分布の確率密度関数は以下の式で表されます [*1)]．

$$f(y|\theta) = \theta^y (1-\theta)^{1-y}, \quad y \in \{1, 0\} \tag{7.3}$$

ここで θ は確率を表しています．

7.1.1 データ

表 7.1 は「女性は家庭の切り盛りに注力し，社会の運営は男性に任せるべきである」という質問に対して，2871 人 (男性 1305 人，女性 1566 人) の回答者に「賛成」または「反対」で回答してもらったデータです [*2)]．

表 7.1 「性役割」データ

	1	2	3	4	5	6	7	8	⋯	1304	1305
被教育年数 (edu)	0	0	0	0	1	1	2	2	⋯	20	20
性別 (sex)	男	男	男	男	男	男	男	男	⋯	男	男
賛否 (y)	賛	賛	賛	賛	賛	賛	賛	賛	⋯	反	反
	1	2	3	4	5	6	7	8	⋯	1565	1566
被教育年数 (edu)	0	0	0	0	1	3	3	3	⋯	20	20
性別 (sex)	女	女	女	女	女	女	女	女	⋯	女	女
賛否 (y)	賛	賛	賛	賛	賛	賛	賛	賛	⋯	反	反

表 7.1 は回答者の属性ごとに並び替えたデータの一部を示しています．モデリングにおいては，回答結果について，賛成を 1，反対を 0 として扱うものとすると，これはベルヌイ試行と見なすことができます．

7.1.2 モデル

「性役割」データの「賛否」に対して，期待値で条件付けた場合にベルヌイ分布に従うものとし，各回答者の「被教育年数」と「性別」による線形構造を仮定し，賛否の確率に対する説明を試みます．まずはあえて「被教育年数」のみを用い，(7.1) 式を仮定してみましょう．図 7.1 左図は例として，線形構造を最小 2 乗法によって当てはめた場合の推定結果 $\hat{y} = 0.985 - 0.054x$ を示しています．図上下の棒グラフは「被教育年数」ごとの人数を表しています．また右図は残差 $y_i - \hat{y}_i$ の

*1) ベルヌイ分布については豊田 (2015, pp.29–30) でも扱いました．

*2) データは R パッケージ `HSAUR` に含まれる `womensrole` データをもとにしています．1974 年から 1975 年におけるアメリカでの調査です．

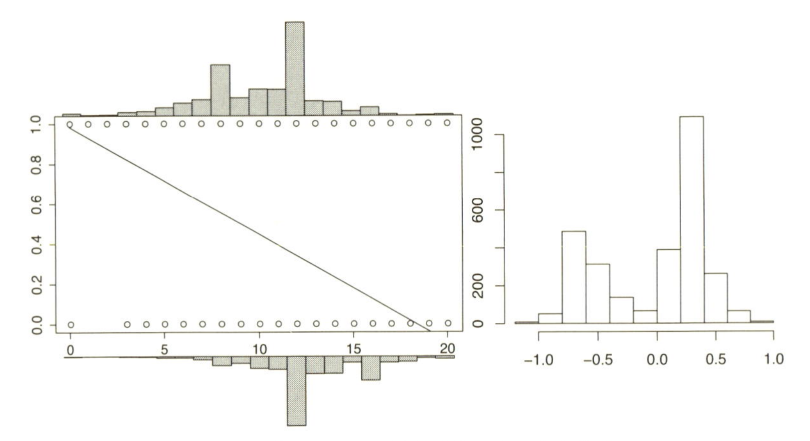

図 7.1　2 値データへの線形構造の当てはめ結果

ヒストグラムを示しています．推定結果から「被教育年数」が 19 年以上になると，予測値が 0 (反対) 以下の値となることがわかりますが，これは妥当な予測結果とはいえません．残差を見ても，期待値の周りでデータが正規分布しているとは見なせません．

このように，線形構造を用いて説明，予測を行うには，まずは従属変数となるデータの性質を考慮して，妥当なモデル分布を特定する必要があります．本例の場合はベルヌイ分布に従うことを仮定しますから，基本モデルは

$$y_i \sim \text{Bernoulli}(\theta_i), \qquad \theta_i = b + a_1 x_{1i} + a_2 x_{2i}, \quad 0 \leq \theta \leq 1 \tag{7.4}$$

となります．これは 2 値の回答結果は回答者 i ごとに母数 θ_i をもつベルヌイ分布に従っており，θ_i に対して線形構造を仮定し，「賛否」の確率に対する説明を試みるモデルです．この例では，線形構造部分は $\theta_i = b + a_1 \times 被教育年数_i + a_2 \times 性別_i$ となります [*3]．しかし，θ_i は 0 から 1 の範囲でなければなりませんから，このままでは (7.4) 式も θ の構造として用いることはできません．そこで，リンク関数を用います．

7.1.3　期待値と線形構造のリンク

y_i の期待値 $E[y_i] = \mu_{y_i}$ について，ある変換 $g(\cdot)$ を施した $g(\mu_{y_i})$ に線形構造

$$g(\mu_{y_i}) = b + ax_i \tag{7.5}$$

---

*3)　本例では「性別」について，男性を 0，女性を 1 のダミー変数で表します．

を仮定します[*4)]．変換のための関数 $g(\cdot)$ には逆関数が存在し，

$$\mu_{y_i} = g^{-1}(b + ax_i) \tag{7.6}$$

であるものとします．このとき，変換 $g(\cdot)$ はリンク関数と呼ばれます．リンク関数にはいくつかの種類があり，データの性質によって適宜選択します[*5)]．

期待値で条件付けられた y_i がベルヌイ分布に従う場合，$\mu_{y_i} = \theta_i$ のリンク関数としてロジット (logit) 変換を用いることができます．すると，変換された θ_i と線形構造は

$$logit(\theta_i) = \log\left(\frac{\theta_i}{1-\theta_i}\right) = b + ax_i, \quad 0 \le \theta \le 1 \tag{7.7}$$

と連結されます．ロジットについて逆関数をとると (これをロジスティック (logistic) 変換と呼びます)，

$$\theta_i = \frac{1}{1 + \exp(-(b + ax_i))} \tag{7.8}$$

となり，θ_i がロジスティック関数で表されます．するとモデル式は

$$y_i \sim \text{Bernoulli}(\theta_i) \tag{7.9}$$

$$\theta_i = \frac{1}{1+\exp(-z_i)} = \frac{\exp(z_i)}{1+\exp(z_i)}, \quad z_i = b + a_1 \times \text{edu}_i + a_2 \times \text{sex}_i \tag{7.10}$$

と表されます[*6)]．Stan ではベルヌイ分布とリンク関数がセットになったサンプリング関数が用意されています．(7.9) 式，(7.10) 式は model ブロックにおいて，

```
for(i in 1:N){ //N は人数を表す
  y[i] ~ bernoulli_logit(b + a1 * edu[i] + a2 * sex[i]);
}
```

と記述します．推定結果を表 7.2 に示しました[*7)]．

偏回帰係数の EAP 推定値から，回答者の教育年数が長くなるほど，性役割に関する当該質問に反対の立場をとる傾向が強まることが示唆されました．

---

*4)　内部に仮定する構造が線形なのであり，モデル全体に線形性を仮定するわけではありません．

*5)　なお，リンク関数の観点からは，期待値で条件付けられた y が正規分布に従っている場合，μ_{y_i} に対する線形構造は，$g(\cdot)$ として恒等変換 $\mu_{y_i} = b + ax_i$ を選択しているものと見なせます．

*6)　edu は「被教育年数」，sex は「性別」を表します．

*7)　本章で示した例はいずれも，4 つのマルコフ連鎖それぞれにおいて，事後分布から 11000 回のサンプリングを行い，最初の 5500 回をウォームアップ期間として破棄し，合計 22000 個の事後標本を用いて計算した結果を示しています．

表 7.2　推定結果

	EAP	post.sd	95%下側	95%上側
b	2.513	0.181	2.161	2.870
a_1「被教育年数」	−0.271	0.015	−0.301	−0.242
a_2「性別」	−0.012	0.082	−0.175	0.149

7.2　ポアソン分布のリンク

ある一定時間 (単位時間) における事象の発生件数を記述する分布として広く利用されている分布がポアソン分布です．ポアソン分布の確率密度関数は

$$f(y|\lambda) = \frac{\exp(-\lambda)\lambda^y}{y!}, \quad \lambda \geq 0 \tag{7.11}$$

です．y は発生件数を表し，λ は平均を表しています．ポアソン分布はただ 1 つの母数 λ によって特徴付けられます [*8)]．

本節では，期待値で条件付けられたカウントデータ y_i の背後にポアソン分布を仮定し，期待値 λ_i と線形構造をリンクさせます．J 個の説明変数 x_j を用いて λ_i に線形構造 $\lambda_i = b + a_1 x_{i1} + \cdots + a_J x_{iJ}$ を導入します．

ただし，ポアソン分布の定義より，$\lambda \geq 0$ であるため左辺の線形構造部分も非負の値をとる必要があります．ポアソン分布の場合，リンク関数として対数 $\log(\lambda)$ や平方根 $\sqrt{\lambda}$ を用いることができます．

7.2.1　デ　ー　タ

表 7.3 は 20 名の実験参加者 [*9)] を薬効治療群 [*10)] とプラセボ群とに分け，12 か月後の大腸ポリープの発生個数を計測したカウントデータを示しています [*11)]．

7.2.2　モ　デ　ル

ここでは「大腸ポリープ」データに対して対数リンク関数を用いてモデル化を行います．

---

*8)　ポアソン分布については豊田 (2015, pp.60–61) でも扱いました．

*9)　協力者はポリープが多発する家族性大腸腺腫症 (familial andenomatous polyposis) 患者です．

*10)　薬は非ステロイド性抗炎症薬 (non-steroidal anti-inflammatory drug) です．

*11)　R パッケージ `HSAUR` に含まれるデータセット `polyps` をもとにしています．

表 **7.3** 「大腸ポリープ」データ

個数 (y)	63	2	28	17	61	1	7	15	44	25
処遇 (treat)	0	1	0	1	0	1	0	0	0	1
年齢 (age)	20	16	18	22	13	23	34	50	19	17
個数 (y)	3	28	10	40	33	46	50	3	1	4
処遇 (treat)	1	0	0	0	1	0	0	1	1	1
年齢 (age)	23	22	30	27	23	22	34	23	22	42

処遇：薬 = 1，プラセボ = 0

$$y_i \sim \text{Poisson}(\lambda_i) \tag{7.12}$$

$$\log(\lambda_i) = b + a_1 \times \text{age}_i + a_2 \times \text{treat}_i \tag{7.13}$$

$$\lambda_i = \exp(b + a_1 \times \text{age}_i + a_2 \times \text{treat}_i) \tag{7.14}$$

(7.12) 式では大腸ポリープの発生数が平均 λ_i $(i = 1, \cdots, N)$ に従っており，さらに平均の対数に対して変数「年齢」と「処遇」による線形構造があることを仮定しています．b, a_1, a_2 はそれぞれ切片項，「年齢」の係数，「処遇」の係数を表しています．

「処遇」は，プラセボ群に所属する参加者の場合は 0 であるため，(7.14) 式の表現では，第 3 項 $a_2 \times \text{treat}_i$ が消え，切片と「年齢」に関する係数のみが残ることに注意してください．

(7.12) 式を Stan では model ブロックにおいて，以下のように記述します．

```
for(i in 1:N){
  y[i] ~ poisson_log(b + a1 * age[i] + a2 * treat[i]);
}
```

推定結果は表 7.4 に示しました．a_1 は負の値 $-0.039[-0.051, -0.028]$ を示しています．また，a_2 の EAP 推定値は $-1.362[-1.593, -1.146]$ となり，薬効治療によって，予測値に対してプラセボ群よりもポリープ発生個数に負の影響を与えることが示唆されました．

表 **7.4** 「大腸ポリープ」データ推定結果

	EAP	post.sd	95%下側	95%上側
b	4.531	0.143	4.253	4.813
a_1「年齢」	−0.039	0.006	−0.051	−0.028
a_2「処遇」	−1.362	0.114	−1.593	−1.146

家族性大腸腺腫症によって発生する大腸ポリープは放置すると加齢とともに大腸がん発生リスクが高まることが知られています．ポリープ発生を薬によって抑えることは治療の一環として有効であるといえるでしょう．

7.3 負の二項分布のリンク

ある試行回数中に何回，試行が成功したかはしばしば二項分布で近似されます．一方で，成功するまで試行を続け，成功までの失敗回数を記録する場合を考えます．このとき，失敗回数は負の二項分布に従っていると見なすことができます．負の二項分布にはいくつかの定式化がありますが，ここでは μ と ϕ の 2 つの母数によって表現される確率密度関数

$$f(y|\mu,\phi) = \begin{pmatrix} y+\phi-1 \\ y \end{pmatrix} \left(\frac{\mu}{\mu+\phi}\right)^{y} \left(\frac{\phi}{\mu+\phi}\right)^{\phi}, \ \mu \geq 0, \ \phi \geq 0 \qquad (7.15)$$

を採用します．y は失敗回数を表しています．y の平均は μ，尺度は $\mu + (\mu^2/\phi)$ です．

7.3.1 データ

表 7.5 には，1 度逮捕された人物 110 人について，釈放されてから再度逮捕されるまでの期間を週単位で記録したデータ (最大 50 週) を示しています [*12)]．また，当該人物に関して，「財政援助の有無」「配偶者の有無」および「被教育歴」も示しています．「被教育歴」はアメリカにおける教育システムに基づいたカテゴリ分けがなされており，5 段階に分けられています．各段階はそれぞれ 0：6 年生以下 (小学校相当)，1：7 年生から 9 年生 (中学校相当)，2：10 年生から 11 年生 (高校相当)，3：12 年生 (高校相当)，4：大学以上となっています．

表 7.5 「再犯」データ

変数 \ 個人	1	2	3	4	5	6	···	110
再犯までの期間 (週) (y)	20	17	25	23	37	25	···	12
財政援助の有無 (x_1)	0	0	0	0	0	0	···	1
配偶者の有無 (x_2)	0	0	0	1	0	0	···	1
被教育歴 (x_3)	3	4	3	4	3	4	···	4

*12) R パッケージ GlobalDeviance に含まれる Rossi データをもとにしています．元データは 432 名を 52 週に渡って追跡調査したデータです．本節では再犯をしなかった人物 (打ち切りデータ) に関しては，データから除きました．

7.3.2　モ　デ　ル

ここでは再度逮捕されるまでの週が期待値で条件付けられた際に負の二項分布に従っているものと仮定します．また，リンク関数として対数関数を仮定し，「財政援助の有無」と「配偶者の有無」「被教育歴」を用いて線形構造を

$$y_i \sim \text{NegativeBinomial}(\mu_i, \phi) \tag{7.16}$$

$$\log(\mu_i) = b + a_1 x_{1i} + a_2 x_{2i} + a_3 x_{3i} \tag{7.17}$$

のように仮定します．(7.16) 式から (7.17) 式を Stan では `model` ブロック内で以下のように表現します [*13]．

```
for(i in 1:N){
  y[i] ~ neg_binomial_2_log(b + a1*x1[i] + a2*x2[i] + a3*x3[i], phi);
}
```

推定結果を表 7.6 に示しました．EAP 推定値より，財政援助や，配偶者の存在が再犯までの期間を引き延ばす効果があることが示唆されました．しかしながら，これら 2 つの説明変数に関しての係数の確信区間は，わずかではありますが 0 を含んでいます．そこで，これらの係数が 0 以上となる確率について検討した結果が表 7.7 です．これらの結果から，財政援助に関する係数は 88.6%，配偶者の有無に関する係数は 95.5%の確率で正の値となることがわかりました．社会復帰プログラムとして，財政援助プログラムの充実や，配偶者がいない人に対して，代替となるコミュニティーを整備することが有効かもしれません．また，「被教育

表 7.6　推定結果

	EAP	post.sd	95%下側	95%上側
b	3.488	0.115	3.263	3.717
a_1「財政援助の有無」	0.130	0.108	−0.083	0.341
a_2「配偶者の有無」	0.336	0.204	−0.046	0.752
a_3「被教育歴」	−0.189	0.080	−0.346	−0.030
ϕ	3.601	0.543	2.646	4.772

表 7.7　a_1 と a_2 が 0 よりも大きくなる確率

$U_{p(a_2>0)}$	0.886
$U_{p(a_2>0)}$	0.955

[*13] (7.15) 式について，Stan では `neg_binomial_2` というサンプリング関数が用意されています．

歴」の係数は負の値となりました.

7.4　二項分布のリンク

表 7.1 のデータは，属性ごとに賛成 (反対) 人数を集計することで，表 7.8 のように二項分布に従うデータと見なすことも可能です.

7.4.1　モ　デ　ル

二項分布に従うデータもベルヌイ分布と同様のリンク関数を用いることができます．モデル式は

$$y_i \sim \text{Binomial}(S_i, \theta_i) \tag{7.18}$$

$$\theta_i = \frac{1}{1+\exp\{-(b+a_1 \times \text{edu}_i + a_2 \times \text{sex}_i)\}} \tag{7.19}$$

となります．S_i は総試行回数，y_i は成功回数であり，θ_i は成功比率です.

二項分布の場合もまた，ロジットリンクは専用のコードが用意されています. (7.19) 式を Stan では `model` ブロックにおいて，

表 7.8 「性役割」データ

被教育年数 (edu)	0	1	2	3	4	5	6	7	8	9	
性別 (sex)	男	男	男	男	男	男	男	男	男	男	
賛成	4	2	4	6	5	13	25	27	75	29	
反対	2	0	0	3	5	7	9	15	49	29	
総試行数	6	2	4	9	10	20	34	42	124	58	
	10	11	12	13	14	15	16	17	18	19	20
	男	男	男	男	男	男	男	男	男	男	男
	32	36	115	31	28	9	15	3	1	2	3
	45	59	245	70	79	23	110	29	28	13	20
	77	95	360	101	107	32	125	32	29	15	23
被教育年数 (edu)	0	1	2	3	4	5	6	7	8	9	
性別 (sex)	女	女	女	女	女	女	女	女	女	女	
賛成	4	1	0	6	10	14	17	26	91	30	
反対	2	0	0	1	0	7	5	16	36	35	
総試行数	6	1	0	7	10	21	22	42	127	65	
	10	11	12	13	14	15	16	17	18	19	20
	女	女	女	女	女	女	女	女	女	女	女
	55	50	190	17	18	7	13	3	0	1	2
	67	62	403	92	81	34	115	28	21	2	4
	122	112	593	109	99	41	128	31	21	3	6

```
for(i in 1:N){ //下記2行のどちらかを使用する
  y[i] ~ binominal_logit(S[i], b+a1*edu[i]+a2*sex[i]);
  y[i] ~ binominal(S[i], inv_logit(b+a1*edu[i]+a2*sex[i]));
}
```

と表現します．上下どちらの表現も同等です．inv_logit 関数は (7.10) 式を表しています．inv_logit 関数は transformed parameters ブロックで記述しても構いません．

7.4.2 ベルヌイ・二項分布のその他のリンク関数

ベルヌイ分布や二項分布の母数 θ_i に対するリンク関数はロジットリンクの他にプロビットリンク $\Phi^{-1}(\theta_i)$，$\theta_i = \Phi(b + ax_i)$ や [*14]，相補 log-log リンク $\log(-\log(1 - \theta_i))$，$\theta_i = 1 - \exp(-\exp(b + ax_i))$ が用いられます．それぞれ Stan では

```
transformed parameters{
  real<lower=0,upper=1> p[i];
  for(i in 1:N){
    // 下記3行のいずれかを選択する
    p[i] = inv_logit(b + a1 * edu[i] + a2 * sex[i]); //ロジットリンク
    #p[i] = Phi(b + a1 * edu[i] + a2 * sex[i]); //プロビットリンク
    #p[i] = 1-exp(-exp(b + a1*edu[i] + a2*sex[i])); //相補 log-log リンク
  }
}
model{
  y[i] ~ binominal(S[i], p[i]);
}
```

と記述します．

これらのリンク関数の選択には，WAIC を利用することもできます．それぞれのリンク関数における WAIC は，ロジット：209.4，プロビット：212.6，相補 log-log：228.8 となり，ロジットリンクを採用することが示唆されました [*15]．

---

*14) Φ は標準正規累積分布関数を表しています．

*15) これらのリンク関数の BUGS による表現と DIC の算出に関しては豊田 (2008, pp.110–113) を参照してください．本章で取り上げた議論を包括的に扱うモデルとして，一般化線形モデル (generalized linear model, GLM) があります．GLM では線形構造を線形予測子 (linear predictor) と呼び，高次の予測変数も扱います．GLM を扱った書籍として，久保 (2010) があります．

7.4.3 オッズ比の検討

ロジットリンクを採用すると，属性の有無について偏回帰係数のオッズ比を参照することができます．例えば「性別」のオッズ比

$$OR_{\text{sex}} = \exp(a_2) = 1/\exp(-a_2) \tag{7.20}$$

は「性別」の「賛成」表明に対するオッズ比です．属性の有無に関して，$OR > 1$ ならば，要因の有無と結果の生起に正の関連がある，$OR < 1$ ならば負の関連がある，$OR = 1$ ならば関連がないと解釈します．

$OR_{\text{男性}}$ のサンプリング結果は 1.014(0.084)[0.856,1.188] となりました．変数の内容から，$OR_{\text{男性}}$ は前節と同様に「性別」と「賛成—反対」にはほとんど関連がないことが示唆されました．$OR_{\text{男性}}$ が 1 よりも小さくなる確率は $u^{(t)}_{p(OR_{\text{男性}}<1)}$ の EAP から 0.450 となり，非常に高い確率は得られませんでした．

文　　献

久保拓弥 (2010). データ解析のための統計モデリング入門. 岩波書店.
豊田秀樹 (編著) (2008). マルコフ連鎖モンテカルロ法. 朝倉書店.
豊田秀樹 (編著) (2015). 基礎からのベイズ統計学—ハミルトニアンモンテカルロ法による実践的入門—. 朝倉書店.

8 トピックモデル

■ ■ ■

トピックモデル (topic model) は，文書データを定量的に分析し，そこに潜む意味を捉えることを目的とした分析手法です．文書のもつ意味 (主題・内容など) のことを，トピックと呼んでいます．

では，文書のトピックは何を手がかりに推測すればよいのでしょうか．例として，次の 2 つの文書のトピックを考えてみましょう．

文書 A　初等教育における英語教育の在り方について，有識者を集めた会議が行われ，文部科学大臣も出席した．本会議で提案された小学生を対象とした留学プログラムの詳細については，国会でも議論が行われる予定である．

文書 B　その日の会議の議題は「売り上げを伸ばすには」であった．僕は入社してはじめてプレゼンの機会を与えられたことに意気込み，三日三晩徹夜でプレゼンの資料を用意していた．にもかかわらず，徹夜がたたって寝坊をした上に，用意した資料の入った **USB** を忘れてきてしまったのだ．もう最悪だ．

2 つの文書にはいずれも「会議」という単語が使われていますが，それぞれ文書 A では政治，文書 B ではビジネスにおける「会議」であると推察することができます．このような判断ができるのは，一緒に使われている他の単語と「会議」という単語との関係性を私たちが把握しているからです．各文書のトピックに関わる主要な単語は，文書 A では「有識者」「文部科学大臣」「国会」，文書 B では「売り上げ」「プレゼン」です．この例から，文書のもつトピックは，個々の単語のもつ意味を越えて，単語同士の組み合わせから解釈できるということが示唆されます．

文書を構成する単語の組み合わせから文書全体のトピックを明らかにしようという試みの端緒となったのは，特異値分解を利用した潜在意味解析 (latent semantic analysis, LSA (Deerwester et al., 1990)) であり，そこから様々な確率モデルへと発展を遂げました．上述の例のような簡単な文書では，1 つの文書に対して 1 つのトピックを特定することも難しくありませんが，新聞記事や Web ページなどの実データでは，1つの文書が複数のトッピックから構成されていると考えるほうが自然な場合も多くあります．それぞれの文書が複数のトピックをもつという前提の下に，文書ごとに異なるトピック混合比率 (**トピック分布**) に従って単語レベルでトピックが選択され，そのトピックに固有の単語出現確率分布 (**単語分布**) に従って個々の単語が生成されるという文書生成過程を表現した確率モデルを総称して，トピックモデルといいます．トピックモデルは，文書データのみならず，画像データ，音声データ，購買記録データ等にも適用され，情報検索や協調フィルタリングなど幅広い分野で応用されています．

8.1　Bag of Words 表現

トピックモデルでは文書を単語に分解し，それらの出現回数と合わせて分析の対象とします．トピックモデルでモデル化される文書データは，Bag of Words (BoW) 表現と呼ばれます．BoW 表現では，もともとの文書における単語の出現順序にはとらわれずに，どのような単語が何回使われているかを文書ごとに整理します．

全文書数を D，そのうち任意の d 番目の文書に含まれる単語の数を N_d とすると，各文書を構成する単語は $\boldsymbol{w}_d = (w_{d1}, \ldots, w_{dn}, \ldots, w_{dN_d})$ と表されます．w_{dn} は，$d\ (= 1, \ldots, D)$ 番目の文書の $n\ (= 1, \ldots, N_d)$ 番目の単語です．このとき，BoW 表現された D 個の文書の集合は，$\boldsymbol{w} = (\boldsymbol{w}_1, \ldots, \boldsymbol{w}_d, \ldots, \boldsymbol{w}_D)$ によって表すことができます．文書全体に含まれる単語の総数を $N\ (= N_1 + \cdots + N_d + \cdots + N_D)$，そのうち重複を除いた単語の種類を V とします．

トピックモデルでは，トピックを潜在変数として扱い，個々の単語 w_{dn} が特定の潜在的なトピックから生成されると仮定します．潜在的なトピックの数を K とすると，w_{dn} に対応する潜在変数は $z_{dn}\ (\in \{1, 2, \ldots, K\})$ と表されます．

8.2　潜在ディリクレ配分

トピックモデルでは，最初に，文書ごとに異なるトピック分布から各単語の潜在的なトピック z_{dn} が選択され，続いてトピックごとに異なる単語分布から単語 w_{dn} が生成されることで，最終的に文書全体が生成される過程をモデル化しています．このとき，トピック分布の事前分布としてディリクレ分布 (Dirichlet distribution) を仮定し，ベイズ推定する手法のことを潜在ディリクレ配分 (Latent Dirichlet Allocation, LDA (Blei et al., 2003)) モデルと呼びます．

8.2.1 ディリクレ分布

はじめに，ディリクレ分布について解説します．トピックモデルでは，トピックを表す潜在変数 z_{dn} はカテゴリカル分布 (categorical distribution (Murphy, 2012)) に従っていると仮定します．カテゴリカル分布は，値が k となる確率が θ_k である K 種類の離散値のうち 1 つの値が生じるような試行を 1 回行ったときの結果 $x\ (=1,\ldots,k,\ldots,K)$ が従う確率分布です．カテゴリカル分布の確率関数は次式の通りです．

$$f(x=k|\boldsymbol{\theta}) = \mathrm{Categolical}(x|\boldsymbol{\theta}) = \theta_k \tag{8.1}$$

ただし，$\boldsymbol{\theta} = \{\theta_1,\ldots,\theta_k,\ldots,\theta_K\}'$ であり，$\theta_k \geq 0$，$\sum_{k=1}^{K}\theta_k = 1$ を満たします．このような制約を満たすベクトル $\boldsymbol{\theta}$ が従う確率分布として，ディリクレ分布が用いられます [*1]．

LDA では，トピックが従うカテゴリカル分布の母数の事前分布として，ディリクレ分布を利用します．ディリクレ分布の確率密度関数は以下のように表されます．

$$f(\boldsymbol{\theta}|\boldsymbol{\alpha}) = \mathrm{Dirichlet}(\boldsymbol{\theta}|\boldsymbol{\alpha}) = \frac{\Gamma\left(\sum_{k=1}^{K}\alpha_k\right)}{\prod_{k=1}^{K}\Gamma(\alpha_k)}\prod_{k=1}^{K}\theta_k^{\alpha_k-1} \tag{8.2}$$

(8.2) 式中の $\Gamma(\cdot)$ はガンマ関数と呼ばれ，任意の自然数 m に対して次のような性質があります．

$$\begin{aligned}\Gamma(1) &= 1\\ \Gamma(m) &= (m-1)\Gamma(m-1) = (m-1)!\\ \Gamma(m+1) &= (m)\Gamma(m) = m!\end{aligned}$$

ディリクレ分布の期待値 $E[\boldsymbol{\theta}]$ と分散 $V[\boldsymbol{\theta}]$ はそれぞれ以下の通りです．

---

*1) ディリクレ分布はカテゴリカル分布の共役事前分布であるという数理的な関係性もまた，カテゴリカル分布の母数 $\boldsymbol{\theta}$ の事前分布としてディリクレ分布を利用することの根拠になっています．

$$E[\boldsymbol{\theta}] = \left(\frac{\alpha_1}{\alpha}, \cdots, \frac{\alpha_k}{\alpha}, \ldots, \frac{\alpha_K}{\alpha}\right) \tag{8.3}$$

$$V[\boldsymbol{\theta}] = \left(\frac{\alpha_1(\alpha - \alpha_1)}{\alpha^2(\alpha + 1)}, \ldots, \frac{\alpha_k(\alpha - \alpha_k)}{\alpha^2(\alpha + 1)}, \ldots, \frac{\alpha_K(\alpha - \alpha_K)}{\alpha^2(\alpha + 1)}\right) \tag{8.4}$$

ただし，$\alpha = \sum_{k=1}^{K} \alpha_k$ です．

ここで，$K = 3$ の場合で，ディリクレ分布の振る舞いを視覚的に見てみましょう．$K = 3$ のディリクレ分布に従う確率変数は，$\theta_1 = (1,0,0)$，$\theta_2 = (0,1,0)$，$\theta_3 = (0,0,1)$ を頂点とする三角形内の点として表されます．$\boldsymbol{\alpha} = (1,1,1), (10,10,10), (0.1,0.1,0.1), (1,1,8), (6,3,1), (0.6,0.3,0.1)$ のディリクレ分布からの乱数を，図 8.1 にそれぞれ示しました．

$\boldsymbol{\alpha} = (1,1,1)$ の場合には，三角形内のすべての座標にデータが一様に分布しています．これに対して，例えば $\boldsymbol{\alpha} = (10,10,10)$ では，どの値も同程度に生じやすいものの，分散が小さくなっている様子が見て取れます．図 8.1 および分散の定義式 (8.4) 式より，母数の総和 $\alpha = \sum_{k=1}^{K} \alpha_k$ が大きいほど，事後分布の分散が小さくなることがわかります．$\boldsymbol{\alpha} = (1,1,8)$ や $\boldsymbol{\alpha} = (6,3,1)$，$\boldsymbol{\alpha} = (0.6,0.3,0.1)$ では，事前分布の母数 $\boldsymbol{\alpha}$ に応じて，カテゴリカル分布における各カテゴリの出現しやすさ $\boldsymbol{\theta}$ が変化する様子が見て取れます．

ディリクレ分布のこのような振る舞いから，LDA ではトピックの混合比率の事前分布としてディリクレ分布を仮定することで，文書ごとに出現しやすいトピッ

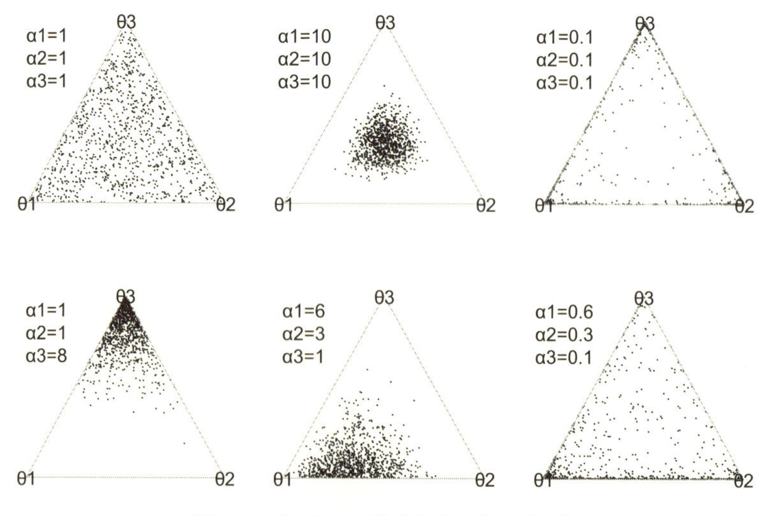

図 8.1　ディリクレ分布からのサンプル例

クと出現しにくいトピックがあることを表現しています．同様に，単語分布の事前分布としてもディリクレ分布を仮定します．

8.2.2 LDA によるトピックモデル

θ_{dk} を d 番目の文書で k 番目のトピックが出現する確率とすると，文書 d における K 個のトピックの混合比率は $\boldsymbol{\theta}_d = (\theta_{d1}, \ldots, \theta_{dk}, \ldots, \theta_{dK})$ と表すことができます．同様に，ϕ_{kv} を k 番目のトピックで v 番目の単語が出現する確率とすると，トピック k における V 種類の単語の出現確率は $\boldsymbol{\phi}_k = (\phi_{k1}, \ldots, \phi_{kv}, \ldots, \phi_{kV})$ と表されます．

LDA によるトピックモデルでは，(8.5) 式のように，各文書におけるトピック分布 $\boldsymbol{\theta}_d$ の事前分布として母数 $\boldsymbol{\alpha}$ のディリクレ分布を仮定し，潜在的なトピックを表す離散変数 z_{dn} $(\in \{1, 2, \ldots, K\})$ は母数 $\boldsymbol{\theta}_d$ のカテゴリカル分布から生成されると仮定します ((8.7) 式)．そして，(8.6) 式のように，トピックごとに異なる単語分布 $\boldsymbol{\phi}_k$ の事前分布には，母数 $\boldsymbol{\beta}$ のディリクレ分布を仮定します．文書内の個々の単語 w_{dn} $(\in \{1, 2, \ldots, V\})$ もまた，選択されたトピックに対応する単語分布 $\boldsymbol{\phi}_{z_{dn}} = (\phi_{z_{dn}1}, \ldots, \phi_{z_{dn}v}, \ldots, \phi_{z_{dn}V})$ に従って，カテゴリカル分布により生成されると考えます ((8.7) 式)．

$$\boldsymbol{\theta}_d \sim \text{Dirichlet}(\boldsymbol{\alpha}), \quad d = 1, \ldots, D \tag{8.5}$$

$$\boldsymbol{\phi}_k \sim \text{Dirichlet}(\boldsymbol{\beta}), \quad k = 1, \ldots, K \tag{8.6}$$

$$z_{dn} \sim \text{Categorical}(\boldsymbol{\theta}_d),\ w_{dn} \sim \text{Categorical}(\boldsymbol{\phi}_{z_{dn}}) \tag{8.7}$$

LDA によるトピックモデルのプレート表現は，図 8.2 のように表されます．なお，トピック数 K は分析者が与えます．その上で，トピック混合比率 $\boldsymbol{\theta}_d$ および単語出現確率分布 $\boldsymbol{\phi}_k$ を推定し，その結果から文書の背後にあるトピックを推察することが，トピックモデルの目的となります．

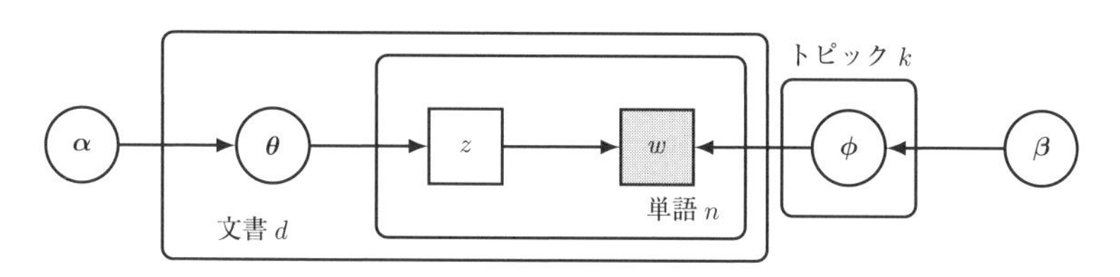

図 8.2 LDA によるトピックモデルのプレート表現

8.3 分　析　例

アメリカの AP 通信 (Associated Press) の記事データ [*2] を用いて，LDA による分析例を示します．文書数 $D = 100$，重複のない単語の種類 $V = 10473$ であり，トピック数は $K = 4$ として分析を実行します．

8.3.1 データの記述

前述の通り，文書データは BoW 表現に整理して分析に用います．Stan に読み込ませるデータは，文書ごとに含まれる単語を並べた `wordID`，それらの単語が各文書で使われている頻度 `freq`，そして各単語が含まれている文書を特定する `docID` の 3 つに分けて，以下のように用意します．なお，N は本来，文書全体に含まれる単語の総数ですが，ここでは `wordID`，`freq`，`docID` それぞれに共通するデータサイズであることに注意してください．

```
K<-4        #トピック数
V<-10473    #単語の種類
D<-100      #文書数
N<-13131    #データサイズ
wordID<- c(1,2,3,4,5,6,7,8,9,10,・・・,2750,742,4954,1795,213,3590,564,218,392,830)
freq<-c(1,2,2,1,1,1,1,1,1,2, ・・・,2,1,1,1,1,1,1,1,1,2)
docID<-c(1,1,1,1,1,1,1,1,1,1, ・・・,100,100,100,100,100,100,100,100,100,100)
alpha<-rep(1, 4)        #トピック分布の事前分布
beta<-rep(0.5, 10473) #単語分布の事前分布
```

8.3.2 Stan スクリプト

分析に利用する Stan スクリプトの一部を以下に示します．

```
parameters {
  simplex[K] theta[D];
  simplex[V] phi[K];
}
```

*2) R のパッケージ `topicmodels` に含まれるデータ `AssociatedPress` より，100 文書をランダム抽出して利用しました．

```
model {
  for (d in 1:D)
    theta[d] ~ dirichlet(alpha);
  for (k in 1:K)
    phi[k] ~ dirichlet(beta);
  for (n in 1:N) {
    real gamma[K];
     for (k in 1:K)
       gamma[k] = log(theta[doc[n],k]) + log(phi[k,w[n]]);
    target += Freq[n]*log_sum_exp(gamma);
  }
}
```

(8.2) 式のディリクレ分布に従う変数 $\boldsymbol{\theta}$ のように，$\theta_k \geq 0$ および $\sum_{k=1}^{K} \theta_k = 1$ を満たす変数は，Stan では `simplex[K] theta` と記述します．LDA によるトピックモデルでは，文書 d ごとにトピック分布を，トピック k ごとに単語分布を仮定するため，`parameters` ブロックにおいて，それぞれ `simplex[K] theta[D]`, `simplex[V] phi[K]` とします．

`model` ブロックの `theta[d]~dirichlet(alpha)` と `phi[k]~dirichlet(beta)` は，それぞれ (8.5) 式と (8.6) 式に対応しています．トピック z_{dn} と単語 w_{dn} はいずれも離散変数であり，(8.7) 式の通りカテゴリカル分布に従います．ただし，w_{dn} は観測データですが，z_{dn} は潜在変数であり，モデルの母数としてサンプリングする必要があります．しかしながら，Stan では離散変数をサンプリングすることができない [*3] ため，`target +=`の右辺にモデルの対数尤度を与えることで，各母数の事後分布を得ます．

LDA によるトピックモデルの母数の事後分布は

$$p(\boldsymbol{\theta}, \boldsymbol{\phi}|\boldsymbol{w}, \boldsymbol{\alpha}, \boldsymbol{\beta}) \propto p(\boldsymbol{w}|\boldsymbol{\theta}, \boldsymbol{\phi})p(\boldsymbol{\theta}|\boldsymbol{\alpha})p(\boldsymbol{\phi}|\boldsymbol{\beta}) \tag{8.8}$$

であり，$p(\boldsymbol{w}|\boldsymbol{\theta}, \boldsymbol{\phi})$ がモデルの尤度です．

$$\begin{aligned} p(\boldsymbol{w}|\boldsymbol{\theta}, \boldsymbol{\phi}) &= \prod_{d=1}^{D}\prod_{n=1}^{N_d} p(w_{dn}|\boldsymbol{\theta}_d, \boldsymbol{\phi}) = \prod_{d=1}^{D}\prod_{n=1}^{N_d} \left\{ \sum_{k=1}^{K} p(k, w_{dn}|\boldsymbol{\theta}_d, \boldsymbol{\phi}) \right\} \\ &= \prod_{d=1}^{D}\prod_{n=1}^{N_d} \left\{ \sum_{k=1}^{K} (p(k|\boldsymbol{\theta}_d)p(w_{dn}|\boldsymbol{\phi}_k)) \right\} \end{aligned} \tag{8.9}$$

*3) 2016 年 9 月 (Stan Version 2.12.0) 現在.

(8.9) 式の対数をとることで，モデルの対数尤度は以下のように導かれます．

$$\log(p(\boldsymbol{w}|\boldsymbol{\theta},\boldsymbol{\phi})) = \sum_{d=1}^{D}\sum_{n=1}^{N_d}\log\left\{\sum_{k=1}^{K}(\text{Categorical}(k|\boldsymbol{\theta}_d)\times\text{Categorical}(w_{dn}|\boldsymbol{\phi}_k))\right\} \tag{8.10}$$

Stan スクリプトでは，`Freq[n]*log_sum_exp(gamma)` の部分が (8.10) 式に相当します [*4)]．

分 析 結 果

4 つのトピックそれぞれにおける，出現確率が上位 5 番目までの単語は表 8.1 の通りとなりました [*5)]．括弧内の数字は，出現確率 $\phi_{z_{dn}v}$ の EAP 推定値です．

表 8.1 各トピックの単語分布

	トピック 1	トピック 2	トピック 3	トピック 4
1	nbc(0.0031)	new(0.0047)	irs(0.0028)	people(0.0054)
2	available(0.0028)	million(0.0045)	returns(0.0020)	state(0.0042)
3	number(0.0020)	stock(0.0044)	program(0.0019)	south(0.0039)
4	new(0.0020)	company(0.0033)	income(0.0017)	i(0.0036)
5	ticketron(0.0020)	percent(0.0031)	corporations(0.0016)	states(0.0035)

トピック 1 は，“nbc”，“available”，“number”，“ticketron” といった単語の出現確率が高く，アメリカのチケット電話予約システムに関するトピックであると考えられます．トピック 3 は “irs”，“returns”，“income”，“corporations” という単語が上位を占めていることから，企業による所得税の確定申告に関するトピックであろうと推測できます．トピッ 2 は経済あるいは産業，トピック 3 は政治に関するトピックであると推察されます．

最後に，文書ごとのトピック混合比率についても見てみましょう．表 8.2 には，

---

*4) `log_sum_exp()` 関数についてなど，Stan スクリプトに関する詳細は Stan のマニュアル (Stan Development Team, 2016) を参照してください．

*5) 1 つのマルコフ連鎖を用いて，事後分布から 2000 回のサンプリングを行い，最初の 1000 回をウォームアップ期間として破棄し，1000 個の母数の標本を用いて計算した結果を示しています．LDA をはじめとするトピックモデルにおいて，トピックは順序なしのカテゴリカルデータとして扱われます．このとき，複数のマルコフ連鎖を用いて推定を行うと，k 番目のトピックとして割り振られるトピックが連鎖ごとに異なってしまうため，マルコフ連鎖の数は 1 として計算を行います．なお，本モデルの推定には比較的長い時間を要します．

表 **8.2**　各文書のトピック分布 (EAP 推定値)

	文書 22	文書 23	文書 31	文書 57	文書 60
θ_1	0.420	0.010	0.933	0.008	0.006
θ_2	0.060	0.007	0.010	0.043	0.978
θ_3	0.066	0.009	0.007	0.801	0.006
θ_4	0.454	0.974	0.050	0.148	0.009

結果が特徴的であった5つの文書を取り上げ，各文書におけるトピックの混合比率 $\boldsymbol{\theta}$ の EAP 推定値を示しました．文書 31，文書 60，文書 57，文書 23 はそれぞれ，トピック 1，トピック 2，トピック 3，トピック 4 が 80%以上を占めており，一貫して1つのトピックについて記述されている記事であると解釈できます．一方で，文書 22 は，トピック 1 の混合比率が 42.0%，トピック 4 の混合比率が 45.4%であり，トピック 1 とトピック 4 の内容を同程度に含む記事であると推測されます．

文　献

Blei, D. M., Ng, A. Y. and Jordan, M. I. (2003). Latent Dirichlet allocation. *Journal of Machine Larning*, **3**, 993-1022.

Deerwester, S., Dumais, S. T., Furnas, G. W., Landauer, T. K. and Harshman, R. (1990). Indexing by latent semantic analysis. *Journal of the American Society for Information Science*, **41**(6), 391-407.

Murphy, K. P. (2012). *Machine Learning: A Probabilistic Perspective*, p.35, MIT Press.

Stan Development Team (2016). *Stan Modeling Language User's Guide and Reference Manual*, Version 2.12.0

石井健一郎・上田修功 (2014). 続・わかりやすいパターン認識—教師なし学習入門—. オーム社.

岩田具治 (2015). トピックモデル. 講談社.

奥村学 (監修), 佐藤一誠 (著) (2015). トピックモデルによる統計的潜在意味解析. コロナ社.

9 隠れマルコフモデル

■ ■ ■

「女心と秋の空」といいますが，男性であれば一度は女性の移ろ気な心情に翻弄されたことがあるのではないでしょうか．男性は意中の女性が自分のことをどう思っているかを直接的に確かめるよりも，女性の服装や仕草から推察することのほうが多いはずです．例えば，意中の女性が「ボディタッチをしてくる」ときは「自分に好意がある」と思い，「髪型をしきりに気にしている」ときは「自分のことが少し気になっている」，「スマートフォンを頻繁に使用する」ときは「自分に興味がない」と解釈したりします．実は，この男性の推察方法とよく似た統計的手法が存在します．

本章では，遷移する離散潜在変数の状態によって，観測される事象の確率分布が異なる確率モデルを表現した**隠れマルコフモデル** (hidden Markov model, HMM) という手法を紹介します．隠れマルコフモデルは直接観測することができない潜在変数の状態を推測できることから，音声認識や形態素解析，ゲノム解析等に応用されています．ここではまず，隠れマルコフモデルに必要な知識であるマルコフ連鎖についてみていきます．それから，隠れマルコフモデルのアルゴリズムについて，分析例を踏まえて説明します．

9.1 マルコフ連鎖

「女性の心情」のように，時間とともに変化する確率変数，あるいは現象のことを**確率過程** (stochastic process) といい，時点を表す添え字 τ $(= 1, \ldots, T)$ を用いて，ここでは $Z^{(\tau)}$ とします [*1]．一般的な確率過程 $Z^{(\tau)}$ は

$$p(Z^{(\tau)}|Z^{(\tau-1)}, Z^{(\tau-2)}, \cdots, Z^{(1)}) \tag{9.1}$$

のように，過去の状態系列をすべて踏まえた条件付き確率によって確率分布が記述

*1) 本章では，大文字 Z を確率変数，小文字 z を実現値として扱います．

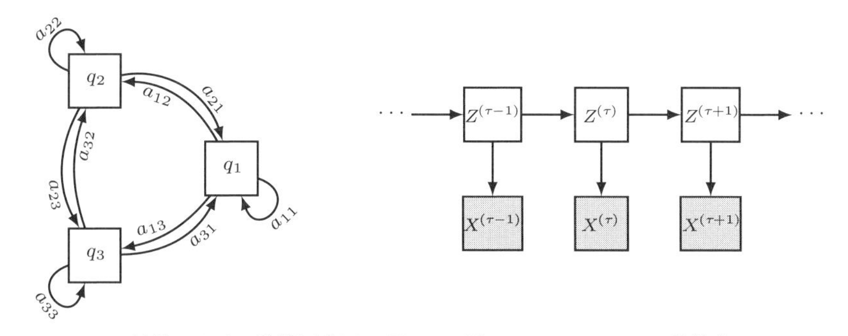

図 **9.1** マルコフ連鎖における状態遷移図　図 **9.2** 隠れマルコフモデルの状態空間モデル

されます．しかし，$Z^{(\tau)}$ の条件付き確率が直前の状態にのみ依存する，すなわち

$$p(Z^{(\tau)}|Z^{(\tau-1)}, Z^{(\tau-2)}, \cdots, Z^{(1)}) = p(Z^{(\tau)}|Z^{(\tau-1)}) \tag{9.2}$$

と表現される確率過程を，特に**マルコフ連鎖** (Markov chain) といいます．

マルコフ連鎖 $Z^{(\tau)} = \{q_1, \ldots, q_K\}$ がとりうる K 個の状態のうち，状態 q_i $(i = 1, \ldots, K)$ から状態 q_j $(j = 1, \ldots, K)$ へ移る条件付き確率を**遷移確率** (transition probability) といい，a_{ij} で表します．

$$a_{ij} = p(Z^{(\tau)} = q_j | Z^{(\tau-1)} = q_i) \tag{9.3}$$

冒頭の例でいえば，$K = 3$ であり，「q_1: 自分に好意がある」から「q_3: 自分に興味がない」に遷移する確率は a_{13} と表されます．また，遷移確率を要素にもつ行列

$$A = \begin{pmatrix} a_{11} & \cdots & a_{1K} \\ \vdots & \ddots & \vdots \\ a_{K1} & \cdots & a_{KK} \end{pmatrix} \tag{9.4}$$

を**遷移核** (transition kernel) といいます．遷移確率は，$0 \leq a_{ij} \leq 1$ と $\sum_{j=1}^{K} a_{ij} = 1$ を満たします．$K = 3$ のときのマルコフ連鎖における状態遷移図を図 9.1 に示します．時点が変化しても状態が q_i に留まり続ける確率は a_{ii} であり，図 9.1 における丸い矢印がこの場合を表します．

9.2 隠れマルコフモデル

隠れマルコフモデルは潜在変数であるマルコフ連鎖の各状態において，確率変

数である出力を備えたモデルです．冒頭の例ですと，「女性の心情」が潜在変数，「服装や仕草」が出力に該当します．この関係性は図 9.2 のような状態空間モデル (state space model) と呼ばれるグラフ構造で表現することができます．図 9.2 における潜在変数 $Z^{(\tau)}$ の系列を状態遷移系列，出力された観測変数 $X^{(\tau)}$ の系列を出力系列と呼びます．

出力された観測変数 $X^{(\tau)}$ は潜在変数 $Z^{(\tau)}$ の状態によって条件付けられた確率分布をもちます．$X^{(\tau)} = \{o_1, \ldots, o_M\}$ のように，出力の結果が M 個に限られるとき，状態 q_j $(j = 1, \ldots, K)$ から出力 o_l $(l = 1, \ldots, M)$ が得られる確率を出力確率 (emission probability) といい，b_{jl} で表します．

$$b_{jl} = p(X^{(\tau)} = o_l | Z^{(\tau)} = q_j) \tag{9.5}$$

また，出力確率を要素にもつ行列

$$B = \begin{pmatrix} b_{11} & \cdots & b_{1M} \\ \vdots & \ddots & \vdots \\ b_{K1} & \cdots & b_{KM} \end{pmatrix} \tag{9.6}$$

を出力確率行列と呼びます．出力確率もまた，$0 \leq b_{jl} \leq 1$ と $\sum_{l=1}^{M} b_{jl} = 1$ を満たします．モデルの同時確率は以下となります．

$$\begin{aligned} & p\big(Z^{(1)}, \ldots, Z^{(T)}, X^{(1)}, \ldots, X^{(T)}\big) \\ & = p\big(Z^{(1)}\big) \left[\prod_{\tau=2}^{T} p\big(Z^{(\tau)} | Z^{(\tau-1)}\big) \right] \prod_{\tau=1}^{T} p\big(X^{(\tau)} | Z^{(\tau)}\big) \end{aligned} \tag{9.7}$$

上式において，

$$p\big(Z^{(\tau)} | Z^{(\tau-1)}\big) = \prod_{i=1}^{K} \prod_{j=1}^{K} a'_{ij} \tag{9.8}$$

$$p\big(X^{(\tau)} | Z^{(\tau)}\big) = \prod_{j=1}^{K} \prod_{l=1}^{M} b'_{jl} \tag{9.9}$$

と記述することができます．ただし，a'_{ij} は $Z^{(\tau-1)} = q_i$ と $Z^{(\tau)} = q_j$ がともに真であるときに限り a_{ij} を返し，それ以外では 1 を返します．同様に，b'_{jl} は $Z^{(\tau)} = q_j$ と $X^{(\tau)} = o_l$ がともに真であるときに限り b_{jl} を返し，それ以外では 1 を返します．また，$p(Z^{(1)})$ には初期確率 $\pi_i = p(Z^{(1)} = q_i)$ が仮定されます．

出力された観測変数の系列は潜在変数の状態遷移系列に関する情報を提供して

くれますが，状態遷移系列を一意に復元することは不可能であることに注意してください．また，隠れマルコフモデルは潜在変数が独立ではなく，マルコフ連鎖を通じて関連している混合分布モデルとも解釈できます．

9.3 分 析 例

夕飯問題：結婚しても共働きのYさんは働いた後に夕飯の用意をせねばならず大変です．夫のWさんは，Yさんのその日の疲労感によって，夕飯への手間のかけ方が違うように感じていました．WさんはYさんの仕事後の疲労感を「q_1: とても疲れている」「q_2: やや疲れている」「q_3: それほど疲れていない」の3段階で評価することにしました．どうやら，それらの状態によってYさんが用意する夕飯は左右されるようです．Yさんが用意する夕飯はおおまかに，「o_1: 出来合いもの」「o_2: 鍋」「o_3: 炒めもの」「o_4: 揚げもの」「o_5: カレー・シチュー」「o_6: ハンバーグ」のどれかです．Yさんが仕事のある日に用意した30日間の夕食が表9.1であったとき，以下の**RQ**を考えてみましょう [*2)]．なお，最初の10日間に関しては，夫のWさんがYさんのその日の疲労感を何気なく聞いて確かめていますが，残りの20日間に関しては，疲労感は確認できていません．

表 9.1 Yさんの仕事後の夕飯に関するデータ

日	1	2	3	4	5	6	7	8	9	10
疲労感	とても	やや	それほど	それほど	とても	とても	やや	それほど	それほど	とても
夕飯	出来合い	炒め	揚げ	ハンバーグ	鍋	出来合い	鍋	カレー	揚げ	出来合い
日	11	12	13	14	15	16	17	18	19	20
疲労感	N/A	N/A	N/A	N/A	N/A	N/A	N/A	N/A	N/A	N/A
夕飯	ハンバーグ	鍋	出来合い	出来合い	カレー	揚げ	炒め	鍋	ハンバーグ	鍋
日	21	22	23	24	25	26	27	28	29	30
疲労感	N/A	N/A	N/A	N/A	N/A	N/A	N/A	N/A	N/A	N/A
夕飯	出来合い	鍋	ハンバーグ	炒め	カレー	出来合い	炒め	揚げ	鍋	ハンバーグ

RQ.1 最初の10日間のデータから推測されるYさんが「q_2: やや疲れている」から「q_1: とても疲れている」に遷移する確率はどれくらいでしょ

*2) 本分析で用いるデータは人工データです．

うか．

RQ.2　1か月間のデータから推測されるYさんが「q_1：とても疲れている」ときに「o_1：出来合いもの」を用意する出力確率はどれくらいでしょうか．

RQ.3　20日目はYさんが会社でプレゼンを行った日でした．この日，Yさんの疲労感はどの状態にあったのでしょうか．

9.3.1　教師あり学習モデル

隠れマルコフモデルの本来の目的は状態遷移系列が未知である出力データから，遷移核と出力確率行列を推定することですが，ここではまず，すべての出力系列に関して，状態遷移系列が明らかである場合のモデルを考えます．これは教師あり学習の隠れマルコフモデルであり，単に**マルコフモデル** (Markov model) と呼ばれます．確率モデルはカテゴリカル分布 *3) を用いて以下のように記述されます．

$$z^{(\tau)} \sim \text{Categorical}(\boldsymbol{a}_i), \qquad \tau = 2, \ldots, T \tag{9.10}$$

$$x^{(\tau)} \sim \text{Categorical}(\boldsymbol{b}_j), \qquad \tau = 1, \ldots, T \tag{9.11}$$

ここで，$\boldsymbol{a}_i$ は遷移核 A において $Z^{(\tau-1)} = q_i$ であるときの遷移確率ベクトルを表し，$\boldsymbol{b}_j$ は出力確率行列 B において $Z^{(\tau)} = q_j$ であるときの出力確率ベクトルを表します．$\boldsymbol{a}_i$ と $\boldsymbol{b}_j$ には，以下のディリクレ分布を無情報事前分布として仮定します．

$$\boldsymbol{a}_i \sim \text{Dirichlet}(1, 1, 1) \tag{9.12}$$

$$\boldsymbol{b}_j \sim \text{Dirichlet}(1, 1, 1, 1, 1, 1) \tag{9.13}$$

ここでは，状態遷移系列が明らかである表9.1の1日目から10日目までのデータを用いて，遷移核と出力確率行列を推定することで，Yさんが「q_2：やや疲れている」から「q_1：とても疲れている」に遷移する確率 a_{21} を求めることができます (**RQ.1**).

分　析　結　果

遷移確率のEAP推定値を表9.2に示します *4)．表9.2より，「q_2：やや疲れて

---

*3)　カテゴリカル分布とディリクレ分布に関しては，第8章のトピックモデルを参照してください．

*4)　4つのマルコフ連鎖それぞれにおいて，事後分布から10000回のサンプリングを行い，最初の5000回をウォームアップ期間として破棄し，合計20000個の母数の標本を用いて計算した結果を示しています．

いる」から「q_1: とても疲れている」に遷移する確率の EAP 推定値は $\hat{a}_{21} = 0.197$ です (**RQ.1** への回答). $\hat{a}_{22} = 0.197$, $\hat{a}_{23} = 0.606$ であることから, Y さんが「q_2: やや疲れている」状態のときは「q_3: それほど疲れていない」に回復する確率が高いと考えられます.

表 **9.2** 遷移確率の EAP 推定値

	q_1	q_2	q_3
q_1	0.333	0.502	0.165
q_2	0.197	0.197	0.606
q_3	0.428	0.142	0.431

9.3.2 教師なし学習モデル (前向きアルゴリズム)

ここでは, 状態遷移系列が未知である出力データから, 遷移核と出力確率行列を推定することを考えます. このためには, (9.7) 式を潜在変数 $Z^{(\tau)}$ に関して周辺化し, 出力系列のみに依存した尤度を構成する必要があります. これを可能にする方法が前向きアルゴリズム (forward algorithm) です.

まず, 隠れマルコフモデルが出力系列 $x^{(1)}, \ldots, x^{(\tau)}$ を出力して, 時点 τ で状態 q_j に到達する確率として

$$\alpha_j^{(\tau)} = p(x^{(1)}, \ldots, x^{(\tau)},\ Z^{(\tau)} = q_j) \tag{9.14}$$

を定義し, これを前向き確率 (forward probability) と呼びます. $\alpha_i^{(1)}$ については初期確率 π_i を用いて, 以下のように初期化する必要があります.

$$\alpha_i^{(1)} = \pi_i b_{i,x^{(1)}} \tag{9.15}$$

ただし, $b_{i,x^{(1)}}$ は $Z^{(1)} = q_i$ のときに得られたデータ $x^{(1)}$ を出力する確率を表します.

前向き確率 $\alpha_j^{(\tau)}$ は以下の式を利用することで求めることができます.

$$\alpha_j^{(\tau)} = \left[\sum_{i=1}^{K} \alpha_i^{(\tau-1)} a_{ij} \right] b_{j,x^{(\tau)}} \tag{9.16}$$

前向き確率の定義より, 状態遷移が観測できない出力系列についての同時確率 $p(x^{(1)}, \ldots, x^{(T)})$ は以下のように表されます.

$$
\begin{aligned}
p(x^{(1)},\ldots,x^{(T)}) &= \sum_{j=1}^{K} p(x^{(1)},\ldots,x^{(T)},\ Z^{(T)}=q_j) \\
&= \sum_{j=1}^{K} \alpha_j^{(T)} \qquad (9.17)
\end{aligned}
$$

このように，前向き確率を用いることによって，潜在変数に依存しない尤度を構成することができます．あとは (9.16)，(9.17) 式から，遷移確率と出力確率を再帰的に推定します．

9.3.3 半教師あり学習モデル

隠れマルコフモデルでは，完全な教師なしモデルとして母数の推定を行うことも可能です．しかし，この方法では，事後分布が多峰となることが多く，推定が不安定になるという問題が指摘されています．これを解決する方法として，教師あり学習モデルとの折衷案である半教師あり学習モデルが提案されています．

半教師あり学習モデルでは，はじめに状態遷移が既知である期間に関して，(9.10)，(9.11) 式を仮定して，学習する期間を設け，その後に状態遷移が未知である期間に関して，前向きアルゴリズムを用いて，全体のモデル化を行います．

ここでは，まず，表 9.1 において，状態遷移系列が明らかである 1 日目から 10 日目のデータに関して，(9.10)，(9.11) 式を仮定します．そして，残りのデータについて，前向きアルゴリズムを用いてモデル化を行います．この半教師あり学習モデルから，遷移核と出力確率行列を推定することで，1 か月間における Y さんが「q_1：とても疲れている」ときに「o_1：出来合いもの」を用意する出力確率 b_{11} を求めることができます (**RQ.2**)．なお，前向き確率の初期状態 $\alpha_i^{(1)}$ については $\pi_i = 1\ (i = 1,\ldots,K)$ とし，出力確率だけを考慮します．

分 析 結 果

出力確率の EAP を表 9.3 に示します [*5]．表 9.3 より，「q_1：とても疲れている」ときに「o_1：出来合いもの」を用意する確率の EAP は $\hat{b}_{11} = 0.390$ です (**RQ.2** への回答)．これは，その次に高い値を示す $\hat{b}_{12} = 0.222$ よりも，約 17% ほど高

---

*5) 4 つのマルコフ連鎖それぞれにおいて，事後分布から 10000 回のサンプリングを行い，最初の 5000 回をウォームアップ期間として破棄し，合計 20000 個の母数の標本を用いて計算した結果を示しています．

い確率であることから，Y さんは「q_1: とても疲れている」ときには，「o_1: 出来合いもの」を用意する傾向があると考えられます．

表 9.3　出力確率の EAP

	o_1	o_2	o_3	o_4	o_5	o_6
q_1	0.390	0.222	0.102	0.085	0.080	0.121
q_2	0.119	0.276	0.257	0.091	0.116	0.140
q_3	0.099	0.132	0.098	0.257	0.183	0.232

9.3.4　ビタビ・アルゴリズム

隠れマルコフモデルではときに，与えられた観測系列に対し，潜在変数の状態の最も確からしい系列を求めることに関心がもたれます．この問題はビタビ・アルゴリズム (Viterbi algorithm) によって解くことができます．

観測系列 $x^{(1)},\ldots,x^{(\tau)}$ を生成して，時点 τ で状態 q_j に到達する状態系列は複数存在しますが，このうち最大の確率を与えるものだけを記憶していけば，最終的に最も確からしい状態遷移系列を求めることができます．いま，時点 τ で状態 q_j に到達する状態遷移系列に関して，最大の確率値を $\zeta_j^{(\tau)}$ で表します．すなわち，

$$\zeta_j^{(\tau)} = \max_{Z^{(1)},\ldots,Z^{(\tau-1)}} p\big(Z^{(1)},\ldots,Z^{(\tau-1)},\ Z^{(\tau)}=q_j,\ x^{(1)},\ldots,x^{(\tau)}\big) \tag{9.18}$$

です．$\zeta_j^{(\tau)}$ は以下のように計算することができます．

$$\zeta_j^{(\tau)} = \max_i[\zeta_i^{(\tau-1)}a_{ij}]b_{j,x^{(\tau)}} \tag{9.19}$$

また，状態遷移系列を復元するために，最大の確率値 $\zeta_j^{(\tau)}$ を与える直前の状態 q_i も同時に記憶させる必要があります．$\tau=1,\ldots,T$ について，バックトラック関数と呼ばれる $\psi_j^{(\tau)}$ を以下のように定義します．

$$\psi_j^{(\tau)} = \operatorname*{argmax}_i[\zeta_i^{(\tau-1)}a_{ij}] \tag{9.20}$$

バックトラック関数 $\psi_j^{(\tau)}$ は時点 τ において最大の確率値を示す，時点 $\tau-1$ における状態 q_i を格納する関数です．各状態 q_i $(i=1,\ldots,K)$ について，$\zeta_i^{(1)}$ と $\psi_i^{(1)}$ は以下のように初期化を行う必要があります．

$$\zeta_i^{(1)} = \pi_i b_{i,x^{(1)}} \tag{9.21}$$

$$\psi_i^{(1)} = 0 \tag{9.22}$$

最後に，再帰計算を終了し，$\tau = T, \ldots, 1$ について，最適状態系列を復元するまでが全体のアルゴリズムになります．

$$\hat{p}(Z^{(1)}, \ldots, Z^{(T)}, x^{(1)}, \ldots, x^{(T)}) = \max_j \zeta_j^{(T)} \tag{9.23}$$

$$\hat{Z}^{(T)} = \operatorname*{argmax}_j \zeta_j^{(T)} \tag{9.24}$$

$$\hat{Z}^{(\tau)} = \psi_{\hat{Z}^{(\tau+1)}}^{(\tau+1)} \tag{9.25}$$

ここでは，前項で用いた半教師あり学習モデルにビタビ・アルゴリズムを組み込んだモデルで推定を行います．母数のサンプルごとに，$\hat{Z}^{(\tau)}$ の値は異なる可能性がありますので，以下の生成量を定義して，3 つの研究仮説，(1) 20 日目の Y さんの疲労感は「q_1：とても疲れている」であった，(2)「q_2：やや疲れている」であった，(3)「q_3：ほとんど疲れていない」であった，が成り立つ確率を求めます．

$$u_{\hat{z}^{(20)}=q_1}^{(t)} = \begin{cases} 1 & \hat{z}^{(20),(t)} = q_1 \\ 0 & \text{それ以外の場合} \end{cases} \tag{9.26}$$

$$u_{\hat{z}^{(20)}=q_2}^{(t)} = \begin{cases} 1 & \hat{z}^{(20),(t)} = q_2 \\ 0 & \text{それ以外の場合} \end{cases} \tag{9.27}$$

$$u_{\hat{z}^{(20)}=q_3}^{(t)} = \begin{cases} 1 & \hat{z}^{(20),(t)} = q_3 \\ 0 & \text{それ以外の場合} \end{cases} \tag{9.28}$$

ここで u と $\hat{z}$ の右肩にある添え字 t は MCMC サンプルに関するものであることに注意してください．$u_{z^{(20)}=q_j}^{(t)}$ の EAP を評価することで，3 つの研究仮説が成り立つ確率を求めることができます．

分析結果

3 つの研究仮説が成り立つ確率を表 9.4 に示します [*6]．表 9.4 より，20 日目の Y さんの疲労感は「q_1：とても疲れている」であった確率は 45.6 %，「q_2：やや

---

*6) 4 つのマルコフ連鎖それぞれにおいて，事後分布から 10000 回のサンプリングを行い，最初の 5000 回をウォームアップ期間として破棄し，合計 20000 個の母数の標本を用いて計算した結果を示しています．

疲れている」であった確率は 26.4 %,「q_3: それほど疲れていない」であった確率は 28.0 % でした．ここから，プレゼンの後，Y さんは「q_1: とても疲れている」状態であった可能性が高いと考えられます (**RQ.3** への回答).

表 **9.4**　研究仮説が正しい確率

	確率
$\hat{p}(z^{(20)} = q_1)$	0.456
$\hat{p}(z^{(20)} = q_2)$	0.264
$\hat{p}(z^{(20)} = q_3)$	0.280

文　　献

石井健一郎・上田修功 (2014). 続・わかりやすいパターン認識—教師なし学習入門—. オーム社.
北研二 (1999). 言語と計算 4, 確率的言語モデル. 東京大学出版会.
ビショップ, C. M. (2012). パターン認識と機械学習 (下). 丸善出版.

10 無制限複数選択形式の分割表データに対する因子分析

■ ■ ■

マーケティングなどの分野において，しばしば用いられるデータ形式に，無制限複数選択法によって得られた分割表があります．本章では，無制限複数選択法によって得られた分割表形式のデータに対する因子分析モデルを扱います．

食品メーカーに勤めるNさんは，新しくアイス部門に異動になり，新商品の開発に取り組むことになりました．Nさんはアイスがすでに様々なコンセプトで発売されているため，斬新な味で勝負をしようと思い，だし風味のアイスを企画しました．しかし，その企画を聞いた上司からは，斬新な味だけでは，一時的な話題になるだけで，人気商品にはならないといわれてしまいました．そこで，Nさんは，まず現在人気のあるアイスがどういった観点から消費者に評価されているのかを分析することにしました．

Nさんは，実際に発売されているアイス15商品を選び，項目1「この商品を知っている」，項目2「おいしそうである」，項目3「濃厚そうである」，項目4「安そうである」，項目5「量が多そうである」，項目6「パッケージがよい」，項目7「飽きがこなさそうである」，項目8「さっぱりとしていそうである」，項目9「味を知りたいと思う」の9項目の質問に対し，次のような質問紙で当てはまるものすべてに丸をつけてもらう無制限複数選択法によって回答を得ました．

以下に並ぶアイスに関して，当てはまると思う項目すべてに○を付けてください．

商品1

項目1. この商品を知っている　　項目2. おいしそうである

項目3. 濃厚そうである　　項目4. 安そうである

項目5. 量が多そうである　　項目6. パッケージがよい

項目 7. 飽きがこなさそうである　項目 8. さっぱりとしていそうである
項目 9. 味を知りたいと思う

⋮

10.1 モ デ ル

無制限複数選択法によって収集されるデータは，以下の表 10.1 のような観測対象 (商品など，$i = 1, \ldots, n$) × 観測変数 (項目，$j = 1, \ldots, p$) の行列形式の分割表 $\boldsymbol{X} = \{x_{ij}\}$ で表現されます．x_{ij} は，観測対象 i に関して観測変数 j に当てはまると答えた人の人数です．

表 10.1 無制限複数選択法によるデータをまとめた分割表

	項目 1	項目 2	項目 3	項目 4	項目 5	項目 6	項目 7	項目 8	項目 9
商品 1	114	101	31	103	89	72	47	104	56
商品 2	67	79	92	71	81	40	34	9	77
商品 3	66	77	3	110	43	57	71	114	61
商品 4	113	84	87	97	108	60	41	28	56
商品 5	72	108	109	6	89	103	55	6	105
商品 6	114	113	113	2	6	113	81	12	100
商品 7	15	97	83	39	22	84	69	36	96
商品 8	91	103	111	56	42	84	59	16	98
商品 9	80	86	77	85	95	59	46	14	77
商品 10	88	95	62	77	46	79	69	58	82
商品 11	99	100	100	75	74	85	61	25	93
商品 12	86	79	24	100	50	45	65	93	65
商品 13	59	57	41	97	59	28	52	71	59
商品 14	36	42	32	45	23	52	44	68	60
商品 15	35	81	101	40	40	77	48	19	91

このとき，分割表の各セルの要素 x_{ij} は，二項分布

$$f(x_{ij}|\pi_{ij}) = \binom{N}{x_{ij}} \pi_{ij}^{x_{ij}} (1 - \pi_{ij})^{N - x_{ij}} \tag{10.1}$$

に従うと仮定することができます．ここで N は，全回答者数であり，表 10.1 で

は $N = 114$ です．π_{ij} は，回答者が観測対象 i に関して観測変数 j に当てはまると選択する確率 (選択母比率) を表します．この二項分布の母比率 π_{ij} に (10.2) 式のような変換を施し，サイズ $n \times p$ のロジット行列 $\boldsymbol{Y} = \{y_{ij}\}$ を考えます．

$$\pi_{ij} = \text{logit}^{-1}(y_{ij}) = \frac{\exp(y_{ij})}{1+\exp(y_{ij})} \tag{10.2}$$

$\boldsymbol{Y}$ の行を，p 次元の確率 (列) ベクトル $\boldsymbol{y}_i$ $(= (y_{i1} \cdots y_{ij} \cdots y_{ip})')$ と見なし，これが因子分析モデル

$$\boldsymbol{y}_i = \boldsymbol{\mu}_y + \boldsymbol{A}\boldsymbol{f}_i + \boldsymbol{e}_i \tag{10.3}$$

に従って生成されたものとします．ここで $\boldsymbol{\mu}_y$ $(= (\mu_{y.1} \cdots \mu_{y.j} \cdots \mu_{y.p})')$ は母平均ベクトル，$\boldsymbol{f}_i$ $(= (f_{i1} \cdots f_{im})')$ は m 次元の**共通因子スコア** (common factor score) ベクトル，$\boldsymbol{e}_i$ $(= (e_{i1} \cdots e_{ip})')$ は p 次元の**独自因子スコア** (unique factor score) ベクトルです．$\boldsymbol{A}$ はサイズ $(p \times m)$ の**因子負荷行列** (factor loading matrix) です．

$\boldsymbol{f}_i$ と $\boldsymbol{e}_i$ が多変量正規分布に従い，$E[\boldsymbol{f}_i] = \boldsymbol{0}$，$E[\boldsymbol{e}_i] = \boldsymbol{0}$，$E[\boldsymbol{f}_i\boldsymbol{f}_i'] = \boldsymbol{I}$ (単位行列)，$E[\boldsymbol{e}_i\boldsymbol{e}_i'] = \boldsymbol{\Sigma}_e$ (対角行列)，$E[\boldsymbol{f}_i\boldsymbol{e}_i'] = \boldsymbol{O}$ と仮定すると，$\boldsymbol{y}_i$ は p 変量正規分布に従います．

ここで，共通因子スコアベクトル $\boldsymbol{f}_i$ を周辺化すると

$$\boldsymbol{y}_i \sim \text{Multi-Normal}_p(\boldsymbol{\mu}_y,\ \boldsymbol{A}\boldsymbol{A}' + \boldsymbol{\Sigma}_e) \tag{10.4}$$

となります．因子負荷行列 $\boldsymbol{A} = \{a_{jk}\}$ には回転の自由度が $m(m-1)/2$ 個あるので $j < k$ の要素は $a_{jk} = 0$ に固定します (対角要素を含んだ広義の下三角矩形行列 (Madansky, 1964))．

因子負荷 a_{jk} の事前分布として平均 μ_a，標準偏差 σ_a の正規分布を設定し，超母数である μ_a と σ_a の事前分布として無情報一様分布を仮定します (Lee, 2007; 和合・大森, 2005)．$\boldsymbol{\Sigma}_e$ の対角要素 σ_{e_j} の事前分布には無情報な逆ガンマ分布

$$\sigma_{e_j} \sim \text{Inv-Gamma}(0.001, 0.001) \tag{10.5}$$

を仮定します (Ntzoufras, 2009)．

10.1.1　初期値・生成量

母数 $\boldsymbol{Y}$, $\boldsymbol{\mu}_y$, $\boldsymbol{A}$, $\boldsymbol{\Sigma}_e$ と超母数 μ_a, σ_a を推定するため，次のような初期値を与

えます．$\boldsymbol{Y}$ の初期値 $\ddot{\boldsymbol{Y}} = \{\ddot{y}_{ij}\}$ には，0 と 1 にならないように修正された標本比率のオッズのロジット

$$\ddot{y}_{ij} = \log\left(\frac{(x_{ij}+0.5\epsilon)/(N+\epsilon)}{1-(x_{ij}+0.5\epsilon)/(N+\epsilon)}\right) \tag{10.6}$$

を用います．ϵ は小さな正の偶数であり，ここでは $\epsilon = 2$ としています．$\boldsymbol{A}$ の初期値 $\ddot{\boldsymbol{A}}$ には，$\ddot{\boldsymbol{Y}}$ の共分散行列 $\ddot{\boldsymbol{C}}$ のコレスキー分解行列の最初の m 列を用います．$\boldsymbol{\Sigma}_e$ の初期値 $\ddot{\boldsymbol{\Sigma}}_e$ には，

$$\ddot{\boldsymbol{\Sigma}}_e = \mathrm{diag}(\ddot{\boldsymbol{C}} - \ddot{\boldsymbol{A}}\ddot{\boldsymbol{A}}') \tag{10.7}$$

を用います．超母数の初期値 $\ddot{\mu}_a$ と $\ddot{\sigma}_a$ に関しては，それぞれ $\ddot{\boldsymbol{A}}$ の非ゼロ要素の平均と標準偏差を用います．

また，母数 $\boldsymbol{A}$ と $\boldsymbol{\Sigma}_e$ を用いて，以下の生成量を導きます．

$$\boldsymbol{C}^{(t)} = \boldsymbol{A}^{(t)}\boldsymbol{A}^{(t)\prime} + \boldsymbol{\Sigma}_e^{(t)} \quad \text{：ロジットの分散共分散行列} \tag{10.8}$$

$$\boldsymbol{S}^{(t)} = \{\mathrm{diag}(\boldsymbol{C}^{(t)})\}^{(1/2)} \quad \text{：ロジットの標準偏差} \tag{10.9}$$

$$\boldsymbol{A}_s^{(t)} = \boldsymbol{S}^{(t)-1}\boldsymbol{A}^{(t)} \quad \text{：標準化された因子負荷行列} \tag{10.10}$$

さらに，標準化された因子負荷行列の EAP 推定値 $\hat{\boldsymbol{A}}_s$ を用いて，標準化共通性，標準化独自性，そしてロジットの相関行列を順に求めます．

$$\hat{\boldsymbol{H}} = \mathrm{diag}(\hat{\boldsymbol{A}}_s\hat{\boldsymbol{A}}_s') \quad \text{：標準化共通性} \tag{10.11}$$

$$\hat{\boldsymbol{\Sigma}}_{es} = \boldsymbol{1} - \hat{\boldsymbol{H}} \quad \text{：標準化独自性} \tag{10.12}$$

$$\hat{\boldsymbol{R}} = \hat{\boldsymbol{A}}_s\hat{\boldsymbol{A}}_s' + \hat{\boldsymbol{\Sigma}}_{es} \quad \text{：ロジットの相関行列} \tag{10.13}$$

10.1.2 事後分布・対数事後分布

母数と超母数をまとめて $\boldsymbol{\theta} = (\boldsymbol{Y}, \boldsymbol{\mu}_y, \boldsymbol{A}, \boldsymbol{\Sigma}_e, \mu_a, \sigma_a)$ とします．全データ $\boldsymbol{X}$ に関する尤度 $L(\boldsymbol{X}|\boldsymbol{Y})$ は

$$L(\boldsymbol{X}|\boldsymbol{Y}) = \prod_{i=1}^{n}\prod_{j=1}^{p} f(x_{ij}|y_{ij}) \tag{10.14}$$

と表現されます．$f(x_{ij}|y_{ij})$ は，(10.1) 式で表される母比率 $\pi_{ij} = \mathrm{logit}^{-1}(y_{ij})$ の二項分布です．母数 $\boldsymbol{Y}$ の事前分布は，

$$p(\boldsymbol{Y}|\boldsymbol{\mu_y}, \boldsymbol{A}, \boldsymbol{\Sigma}_e) = \prod_{i=1}^{n} p(\boldsymbol{y}_i|\boldsymbol{\mu}_y, \boldsymbol{A}, \boldsymbol{\Sigma}_e) \tag{10.15}$$

で表され，具体的には (10.4) 式の多変量正規分布です．母数 $\boldsymbol{\mu}_y$ と $\boldsymbol{A}$ と $\boldsymbol{\Sigma}_e$ の事前分布は互いに独立であることを仮定し $(p(\boldsymbol{\mu}_y, \boldsymbol{A}, \boldsymbol{\Sigma}_e) = p(\boldsymbol{\mu}_y)p(\boldsymbol{A})p(\boldsymbol{\Sigma}_e))$，$p(\boldsymbol{\mu}_y)$ と $p(\boldsymbol{A})$ と $p(\boldsymbol{\Sigma}_e)$ をそれぞれ以下のように表現します．

$$p(\boldsymbol{\mu}_y) = \prod_{j=1}^{p} p(\mu_{y_{.j}}|\mu_0, \sigma_0) \tag{10.16}$$

$$p(\boldsymbol{A}|\mu_a, \sigma_a) = \prod_{j=1}^{p} \prod_{\substack{k=1 \\ j \geq k}}^{m} p(a_{jk}|\mu_a, \sigma_a) \tag{10.17}$$

$$p(\boldsymbol{\Sigma}_e) = \prod_{j=1}^{p} p(\sigma_{e_j}) \tag{10.18}$$

(10.17) 式の超母数の事前分布 $p(\mu_a)$ と $p(\sigma_a)$ には，無情報一様分布を指定します．なお，μ_0 と σ_0 は分析者が設定します．

母数 $\boldsymbol{\theta}$ の事後分布は，

$$\begin{aligned}
p(\boldsymbol{\theta}|\boldsymbol{X}) &\propto L(\boldsymbol{X}|\boldsymbol{\theta})p(\boldsymbol{\theta}) \\
&= \prod_{i=1}^{n} \left\{ \left(\prod_{j=1}^{p} f(x_{ij}|y_{ij}) \right) p(\boldsymbol{y}_i|\boldsymbol{\mu}_y, \boldsymbol{A}, \boldsymbol{\Sigma}_e) \right\} \\
&\quad \times \prod_{j=1}^{p} p(\mu_{y_{.j}}|\mu_0, \sigma_0) \prod_{j=1}^{p} \prod_{\substack{k=1 \\ j \geq k}}^{m} p(a_{jk}|\mu_a, \sigma_a) \\
&\quad \times p(\mu_a)p(\sigma_a) \prod_{j=1}^{p} p(\sigma_{e_j})
\end{aligned} \tag{10.19}$$

となり，対数事後分布は，以下となります．

$$\begin{aligned}
\log p(\boldsymbol{\theta}|\boldsymbol{X}) &= \log\{L(\boldsymbol{X}|\boldsymbol{\theta})p(\boldsymbol{\theta})\} + \text{const.} \\
&= \sum_{i=1}^{n} \left\{ \sum_{j=1}^{p} \log f(x_{ij}|y_{ij}) + \log p(\boldsymbol{y}_i|\boldsymbol{\mu}_y, \boldsymbol{A}, \boldsymbol{\Sigma}_e) \right\} \\
&\quad + \sum_{j=1}^{p} \log p(\mu_{y_{.j}}|\mu_0, \sigma_0) + \sum_{j=1}^{p} \sum_{\substack{k=1 \\ j \geq k}}^{m} \log p(a_{jk}|\mu_a, \sigma_a) \\
&\quad + \log p(\mu_a) + \log p(\sigma_a) + \sum_{j=1}^{p} \log p(\sigma_{e_j}) + \text{const.}
\end{aligned} \tag{10.20}$$

10.1.3　モデルの評価・因子数の決定

モデルの評価においてはまず，$\ddot{\boldsymbol{Y}}$ の相関行列の固有値の折れ線グラフ (スクリープロットにおいてヒジの観察された因子数 -1 個 (Cattell, 1966))，情報量規準 WAIC，単純構造の達成度などから総合的に判断して最適な因子数を選択します．選択された因子数の推定結果について，トレースプロットおよび $\hat{R}$ (Gelman and Rubin, 1992) を参照し，母数の事後分布への収束が確認されたら，通常の因子分析と同様に独自性の高さによって変数選択を行います．

また，独自性が低くとも，そもそも観測変数あるいは観測対象が当該因子数の因子分析モデルに適合していない可能性があるため，以下に述べる標準化残差を用いて，さらに観測変数・観測対象の選択を行います．標準化残差は，標本比率 p_{ij} $(= x_{ij}/N)$ と母比率 π_{ij} との差 $z_{ij} = p_{ij} - \pi_{ij}$ を標準化した指標です．

$$z_{s_{ij}} = \frac{z_{ij}}{\sqrt{\pi_{ij}(1-\pi_{ij})/N}} \tag{10.21}$$

標準化残差行列 $\boldsymbol{Z}_s = \{z_{s_{ij}}\}$ を参照することで，観測変数および観測対象が因子分析モデルに適合しているか否かを判断します．$z_{s_{ij}}$ は近似的に標準正規分布に従うため，$\boldsymbol{Z}_s$ の特定の列に絶対値が 1.96 を超える要素が多ければ当該観測変数は削除の対象になり，特定の行に絶対値が 1.96 を超える要素が多ければ当該観測対象は削除の対象となります．

選択された因子数で，共通性が低すぎる観測変数が存在した場合や，標準化残差の絶対値が大きすぎる観測変数または観測対象が存在した場合には，それらを削除した上で再度推定を実行し，上述の手順でモデル評価を行います．削除すべき観測変数・観測対象がなくなった時点でその因子数を採用し，推定結果の解釈に移ります．

10.2　分　析　例

冒頭のアイスの調査について分析を行っていきます．まず，$\ddot{\boldsymbol{Y}}$ の相関行列の固有値のスクリープロットを描き，図 10.1 に示しました．このスクリープロットのヒジを観察すると，3 因子が適当であると考えられます．次に，2 因子構造から 4 因子構造までの WAIC を算出し表 10.2 に示しました．WAIC は，4 因子の場合が最も小さな値となっています．しかし，4 因子構造では実質科学的な観点から解釈が難しい結果となったため，スクリープロットの形状と解釈可能性を考慮し

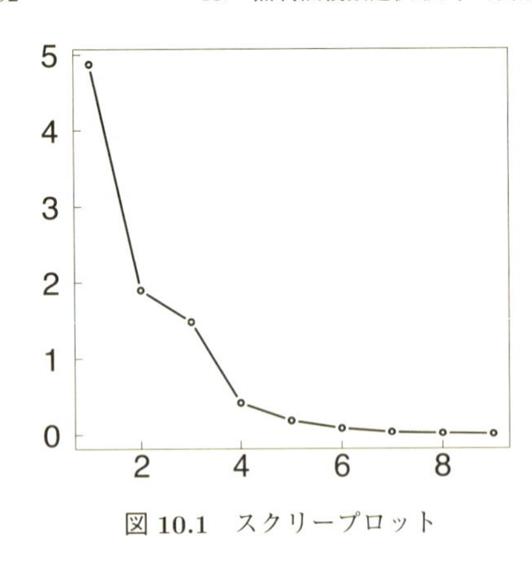

図 10.1　スクリープロット

表 10.2　WAIC 比較

因子数	2 因子	3 因子	4 因子
WAIC	858.6	857.0	847.2

て 3 因子構造を選択することとしました.

3 因子構造を選択した際の $\hat{R}$ の値はいずれも Gelman (1996) で提唱されている基準 1.1 を下回っており，マルコフ連鎖の収束が確認されました．3 因子構造における標準化残差行列と標準化独自性を表 10.3 に示しました．標準化残差の絶対値が 1.96 を上回る項目および商品はなく，また，独自性が極端に高い項目はなかったため，削除対象となる項目・商品はないと判断し，本例では 3 因子構造を採用します.

3 因子構造のプロマックス解および因子間相関は表 10.4 の通りとなりました.第 1 因子に高い負荷量を示した項目は,「この商品を知っている」「おいしそうである」の 2 項目でした.「この商品を知っている」という項目の因子負荷量が 0.91 と大きな値となっていることから，第 1 因子を “知名度” と命名します．第 2 因子に高い負荷量を示した項目は「量が多そうである」「パッケージがよい」「飽きがこなさそうである」の 3 項目でした．このうち,「量が多そうである」という項目の因子負荷は負の値であることを考慮し，第 2 因子は “魅力度” と命名します.最後に，第 3 因子に高い負荷量を示した項目は,「濃厚そうである」「安そうである」「さっぱりとしていそうである」「味を知りたいと思う」の 4 項目であり，この因子は “高級感” を表していると考えられます.

本分析例では，スクリープロットの示唆する因子数と WAIC の値が最小となる因子数は一致しませんでした．こうした場合には，今回のように，プロマックス解の解釈の容易性や単純構造の達成度などから総合的に判断して因子数を決定し，解釈を行いましょう.

表 10.3　アイスデータの標準化残差と標準化独自性

標準化残差	項目 1	項目 2	項目 3	項目 4	項目 5	項目 6	項目 7	項目 8	項目 9
商品 1	0.72	0.39	−0.06	−0.19	−0.02	0.07	−1.26	0.41	0.10
商品 2	−0.08	0.57	−0.25	0.01	−0.12	−0.54	−0.62	−0.22	0.02
商品 3	−0.15	0.08	−0.22	0.16	0.13	0.13	−0.10	1.13	0.40
商品 4	0.42	−0.53	0.22	−0.03	0.17	0.37	0.29	−0.06	−0.59
商品 5	−0.15	0.26	−0.96	−0.39	0.36	0.38	−0.60	0.26	0.83
商品 6	0.76	−0.13	0.22	−0.52	−0.46	0.73	0.26	−0.05	−1.48
商品 7	−0.27	0.44	−0.21	0.08	0.07	−0.12	0.28	−0.07	0.12
商品 8	−0.03	−0.01	1.23	0.24	−0.10	−0.69	0.21	0.55	0.66
商品 9	−0.12	0.37	−0.77	0.10	0.13	0.09	0.12	−0.79	0.00
商品 10	0.02	0.00	−0.31	0.01	0.04	0.03	0.84	−0.33	0.00
商品 11	−0.02	−0.29	0.14	0.20	0.10	−0.15	0.47	0.07	0.69
商品 12	−0.01	0.19	−0.03	−0.03	−0.04	−0.56	0.87	−0.13	0.10
商品 13	−0.04	−0.09	0.53	−0.07	−0.12	−0.63	0.63	0.16	−0.35
商品 14	0.10	−0.95	−0.06	−0.42	−0.18	0.92	−0.66	0.07	−0.81
商品 15	−0.04	−0.59	0.53	0.02	−0.05	0.31	−0.53	0.52	0.12
標準化独自性	0.23	0.10	0.15	0.41	0.58	0.15	0.25	0.19	0.19

表 10.4　3 因子プロマックス解と因子間相関

項目	第 1 因子	第 2 因子	第 3 因子
項目 1	**0.91**	−0.08	−0.12
項目 2	**0.54**	0.47	0.29
項目 5	0.29	**−0.68**	0.11
項目 6	0.33	**0.59**	0.31
項目 7	0.07	**0.93**	−0.29
項目 3	0.15	−0.16	**0.93**
項目 4	0.13	−0.25	**−0.65**
項目 8	0.11	0.49	**−1.00**
項目 9	−0.13	0.43	**0.66**
因子間相関	第 1 因子	第 2 因子	第 3 因子
第 1 因子	1.00		sym.
第 2 因子	0.22	1.00	
第 3 因子	0.23	0.42	1.00

文　　献

Cattell, R. B. (1966). The scree test for the number of factors. *Multivariate Behavioral*

Research, **1**, 245–276.

Gelman, A. (1996). Inference and monitoring convergence. In W. R. Gillks, S. Richardson and D. J. Spielhalter (Ed), *Markov Chain Monte Carlo in Practice*. pp.131–143, Chapman & Hall.

Gelman, A. and Rubin, D. B. (1992). Inference from itterative simulation using multiple sequences (with discussion). *Statistica Sinica*, **6**, 733–807.

Lee, S. Y. (2007). *Structural Equation Modeling: A Bayesian Approach*. Wiley.

Madansky, A. (1964). Instrumental variables in factor analysis. *Psychometrika*, **29**, 105–113.

Ntzoufras, I. (2009). *Bayesian Modeling Using WinBUGS*. Wiley.

和合肇・大森裕浩 (2005). マルコフ連鎖モンテカルロ法の経済時系列モデルへの応用, 伊庭幸人・種村正美・大森裕浩・和合肇・佐藤整尚・高橋明彦 (編). 計算統計 II—マルコフ連鎖モンテカルロ法とその周辺—. 岩波書店.

11 項目反応理論

■ ■ ■

大学入試や各種検定など, 私たちの周りには多くのテストが溢れています. しかし私たちの生活と密接に関わっているテストがどのように作成, 評価されているのかは意外と知られていません. 本章ではテストの作成や評価に深く関わる理論を紹介します.

テストは一般に特定の能力や性格を測るために作成されます. この能力を潜在特性 (latent trait) と呼び, 潜在特性の高低を示す値を特性値と呼びます. ここで「潜在」とは長さや重さなどとは異なり, 直接的には観測できないという意味です. またテストを構成する課題は**項目** (item) と呼ばれ, 項目に対する受検者の回答は**反応** (response) と呼ばれます.

テストの運用は, 実施のたびに受検者集団や項目内容が異なったとしても, 受検者の反応を統一的に評価できるように行われなければなりません. これを可能とするテスト理論が本節で扱う**項目反応理論** (item response theory, IRT) です. IRT では回答の形式によって, 様々なモデルが提案されています. ここではその中の 1 つである**段階反応モデル** (graded response model (Samejima, 1969)) を扱います.

11.1 段階反応データ

表 11.1 は片岡・園田 (2008) の「恋愛依存尺度」の質問項目です [*1]. テストは 20 項目からなり, その背後に「恋愛依存性」という潜在特性を仮定しています. 各質問項目に対して「(1) まったくそう思わない」「(2) そう思わない」「(3) あまりそう思わない」「(4) ややそう思う」「(5) そう思う」「(6) とてもそう思う」のうち当てはまる選択肢を選択してもらう形式です. 受検者の反応はカテゴリ数 6 の順序尺

*1) 本尺度の使用に関しては西南学院大学 (当時) の片岡祥先生にご承諾いただきました. 感謝申し上げます.

表 11.1 「恋愛依存尺度」(片岡・園田) の質問項目

項目 1	自分が思っているほど恋人が自分のことを思ってくれてないのではと不安になる.
項目 2	電話やメールの返事がこないと，自分のことをそんなに好きではないのではと不安になる.
項目 3	親しい同性の友人が，自分の恋人と仲よさそうに話しているのを見た時不安になる.
項目 4	恋人と別れないためなら，恋人のどんな嫌な要求にも従ってしまう.
項目 5	恋人からの愛情が，ほんのわずかでも欠けていると感じた時には悩み苦しむ.
項目 6	恋人が誰か他の人にも関心があるのではないかと疑うと，落ち着いていられない.
項目 7	急に恋人から会おうと言われて，予定が入ってもドタキャンして会ってしまう.
項目 8	恋人が自分を気にかけてくれない時，すっかり気がめいってしまう.
項目 9	2 人の関係についての主導権は恋人が握っている.
項目 10	服装や髪型など恋人の好みに合わせる.
項目 11	恋人ともし別れたら，生きていけないと思う.
項目 12	日常生活で，恋人といない時でも，恋人のことをよく考えている.
項目 13	恋人のことを想うと，強い感情が築き上げてどうしようもなくなる.
項目 14	恋人中心の生活である.
項目 15	恋人に尽くすことが好きである.
項目 16	恋人がいない人生は物足りないと思う.
項目 17	ちょっとしか会える時間がなくてもそのちょっとのためであったら無理してでも会う.
項目 18	恋人と喧嘩や何か問題が生じた時，他のことは全く手につかなくなる.
項目 19	恋人の予定に合わせて自分の予定を立てている.
項目 20	1 日に 1 回は，用もないけどメールや電話をして欲しい.

度で測定された変数として表現できます．(1) を選択した場合には $u = 0$，(3) を選択した場合には $u = 2$ といったように符号化し，それぞれの反応に $0, 1, 2, 3, 4, 5$ の数値を割り当てます．ここで u は反応を表す変数です．このように順序関係をもつ反応データを段階反応データ (graded response data) と呼びます．また段階反応データを分析するための IRT のモデルを段階反応モデルといいます．本章では「恋愛依存尺度」を例に，実際に段階反応データを扱った項目分析と新テストの作成過程を紹介します．

11.2 段階反応モデル

表 11.2 は大学生 142 人に対して「恋愛依存尺度」を実施した結果の一部です．受検者を行にとり，項目を列にとったサイズ 142×20 の行列です．段階反応データでは，項目 j $(j = 1, \ldots, J)$ に対する反応 u_j を C 個の値をとる順序尺度の離散変数

$$u_j = 0, 1, 2, \ldots, c, \ldots, C-1 \tag{11.1}$$

とします．段階反応モデルでは特性値 θ の受検者の項目 j に対する反応がカテゴリ c 以上となる確率を考えます．この確率を $p_{jc}^*(\theta)$ とし，**境界特性曲線** (boundary

表 **11.2** 「恋愛依存尺度」(片岡・園田) の受検データ

	u_1	u_2	u_3	u_4	u_5	$\cdots$	u_{16}	u_{17}	u_{18}	u_{19}	u_{20}
s_1	2	1	0	0	0	$\cdots$	0	0	0	0	0
s_2	1	1	1	2	2	$\cdots$	1	1	0	0	0
s_3	2	1	0	1	2	$\cdots$	0	2	0	0	0
$\vdots$						$\vdots$					
s_{140}	1	0	0	3	0	$\cdots$	0	0	0	0	0
s_{141}	0	1	0	1	3	$\cdots$	1	0	0	0	0
s_{142}	1	1	0	0	3	$\cdots$	0	4	0	0	0

characteristic curve, BCC) と呼びます．なお BCC は θ の値によらず

$$p^*_{j0}(\theta) = 1 \tag{11.2}$$

$$p^*_{jC}(\theta) = 0 \tag{11.3}$$

とします．一方でカテゴリ $c = 1, \ldots, C-1$ における $p^*_{jc}(\theta)$ の値は

$$p^*_{jc}(\theta) = \frac{1}{1+\exp(-Da_j(\theta - b^*_{jc}))} \tag{11.4}$$

と定義します．これは BCC の表現に広く使用されている 2 母数ロジスティックモデルと呼ばれる項目反応モデルです．モデルには 2 つの項目母数 b^*_{jc}, a_j と尺度因子 D があります *2)．b^*_{jc} は困難度母数と呼ばれ，項目 j において $u_j \geq c$ の反応が得られる確率が五分五分となる特性値 θ と解釈することができます．a_j は識別力母数と呼ばれます．他の項目と比べて相対的に a_j の値が大きい項目ほど，$(\theta - b^*_{jc}) = 0$ となる θ 付近における BCC の変化が著しくなります．つまり識別力 a_j は困難度付近における各カテゴリの反応確率の変化の程度を表しています．

したがって識別力が高い項目は，困難度付近に θ をもつ受検者同士をよく識別する項目といえます．識別力 a_j の添え字に注目すると，困難度とは異なりカテゴリを表す添え字 c がついていません．これは同一項目内のカテゴリはすべて同じ識別力であるという制約であり，カテゴリ間の段階的な反応の記述をするために導入されます．

BCC を求めることで，特性値 θ をもつ受検者が項目 j において c と反応する確率

*2) 尺度因子には $D = 1.7$ とする正規計量 (N 計量) と，$D = 1.0$ とするロジスティック計量 (L 計量) の 2 つの流儀が存在します．ただし N 計量で推定した識別力は $1.7 \times a_j$ とすることで L 計量における識別力として扱うことができ，L 計量で推定した識別力は $a_j/1.7$ とすることで N 計量における識別力として扱うことができます．なお本節では L 計量を採用し，$D = 1.0$ とします．

$$p(u_j = c|\theta) = p_{jc}(\theta) = p^*_{jc}(\theta) - p^*_{jc+1}(\theta) \tag{11.5}$$

を求めることができます．(11.5) 式の $p_{jc}(\theta)$ は**項目反応カテゴリ特性曲線** (item response category characteristic curve, IRCCC) と呼ばれ，項目にはカテゴリの数だけ IRCCC が存在します．IRCCC は θ の関数で，識別力 a_j と位置母数 b_{jc} によって記述されます．このうち識別力は BCC における a_j と同じ値です．一方で位置母数は，BCC における困難度 b^*_{jc} から求めることができます．まず最下位カテゴリ $c = 0$ と最上位カテゴリ $c = C - 1$ の IRCCC に関しては，それぞれ $p_{j0} = 0.5$ と $p_{jC-1} = 0.5$ となる困難度を位置母数として利用します．したがって

$$b_{j0} = b^*_{j1} \tag{11.6}$$

$$b_{jC-1} = b^*_{jC-1} \tag{11.7}$$

とします．一方でそれ以外のカテゴリの IRCCC には，そのカテゴリが観察される確率が最も高くなる

$$b_{jc} = (b^*_{jc} + b^*_{jc+1})/2 \tag{11.8}$$

を位置母数として利用します．

11.3 母数の推定

それでは実際に「恋愛依存尺度」のデータを使って分析を行います．図 11.1 は段階反応モデルにおけるプレート表現です．まず特性値 θ の事前分布には，$\mu_\theta = 0, \sigma_\theta = 1$ の正規分布を仮定します．識別力 a_j は一般的に正の値しかとらないと考えられるため，正の範囲で定義される対数正規分布を事前分布として仮定します．分布の母数としては，平均 0, 標準偏差 $1/\sqrt{2}$ を採用します [*3]．

多くの場合，困難度母数 b^*_{jc} の事前分布には正規分布を仮定します．今回は θ の事前分布を $\mu_\theta = 0, \sigma_\theta = 1$ で指定するため，それより広い範囲をカバーできるように平均 0, 標準偏差 2 の正規分布を仮定します．また項目 j における反応 u_j は，カテゴリカル分布に従うと仮定します．カテゴリカル分布は結果が 3 種類以上の状態をもつ試行が従う分布として用いられます．カテゴリカル分布の母数に

[*3] IRT を用いた分析で多用されているソフトウェアの母数に準拠しています．

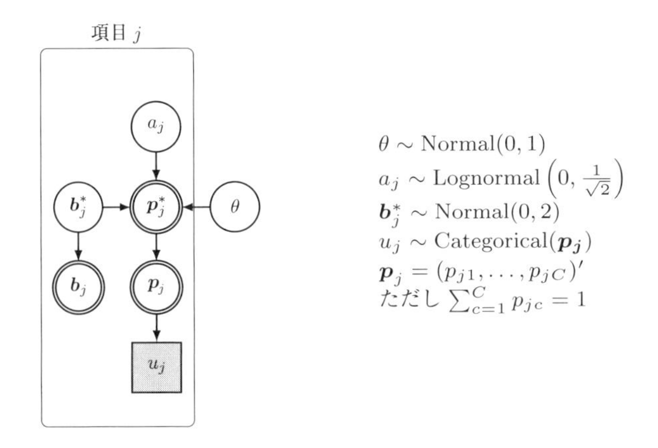

図 **11.1** 段階反応モデルのプレート表現

はカテゴリ数と同じ数の要素 (ここでは 6 つ) をもつ反応確率ベクトル $\boldsymbol{p}_j$ を指定します.

11.4 推 定 結 果

各母数に前節で述べた事前分布を仮定し, 推定した結果を表 11.3 に示します [*4)].数値から各項目の特性を解釈することもできますが, ここでは IRCCC を実際に描画することで, 項目の特性を視覚的に解釈していきます.

例として項目 8「恋人が自分を気にかけてくれない時, すっかり気がめいってしまう.」と項目 16「恋人がいない人生は物足りないと思う.」の IRCCC を図 11.2, 図 11.3 に示します. 受検者の特性値 θ を横軸に, 項目 j におけるカテゴリ c が観測される確率を縦軸に配し, カテゴリ数分の 6 つの IRCCC が描画されています.

まず項目 8 について, 各カテゴリの IRCCC は θ の値によって大きく変化しています. これは回答者の特性値 θ の値によって各カテゴリの反応率が大きく変化することを示しています. 反対に項目 16 の IRCCC は項目 8 と比べてなだらかになっています. これは回答者の特性値 θ の値によって各カテゴリの反応率が大きく変化しないことを示しています. つまり項目 8 は, 恋愛依存傾向にある人と

*4) 4 つのマルコフ連鎖それぞれにおいて, 事後分布から 5000 回のサンプリングを行い, 最初の 2500 回をウォームアップ期間として破棄し, 合計 10000 個の母数の標本を用いて計算した結果を示しています.

表 11.3　項目母数の推定結果

項目	b_1^*	b_2^*	b_3^*	b_4^*	b_5^*	a_j
$u1$	−1.29	−0.62	0.34	1.35	2.13	1.63
$u2$	−1.35	−0.27	0.63	1.65	2.77	1.42
$u3$	−1.33	−0.44	0.22	1.40	2.49	1.42
$u4$	0.07	1.00	1.64	2.41	3.43	1.94
$u5$	−1.06	−0.04	0.60	1.77	2.79	1.84
$u6$	−1.13	−0.34	0.39	1.20	2.78	1.90
$u7$	−0.45	0.49	1.63	3.17	4.60	1.51
$u8$	−1.11	−0.38	0.38	1.36	2.53	2.26
$u9$	−0.95	0.41	1.55	2.41	3.63	1.23
$u10$	−1.26	−0.28	0.88	2.13	3.43	1.18
$u11$	0.17	0.98	1.61	2.28	2.90	1.61
$u12$	−2.05	−0.79	−0.19	0.84	2.26	1.78
$u13$	−0.76	0.08	1.07	1.85	3.30	1.59
$u14$	−0.36	0.41	1.19	2.05	3.43	1.53
$u15$	−2.09	−1.36	−0.40	1.19	2.69	1.07
$u16$	−1.12	−0.35	0.27	1.92	2.81	1.02
$u17$	−1.66	−0.85	0.16	1.19	2.68	1.12
$u18$	−1.27	−0.28	0.36	1.73	2.88	1.55
$u19$	−0.89	0.08	0.74	1.71	2.70	1.80
$u20$	−1.44	−0.55	0.21	1.24	2.55	1.07

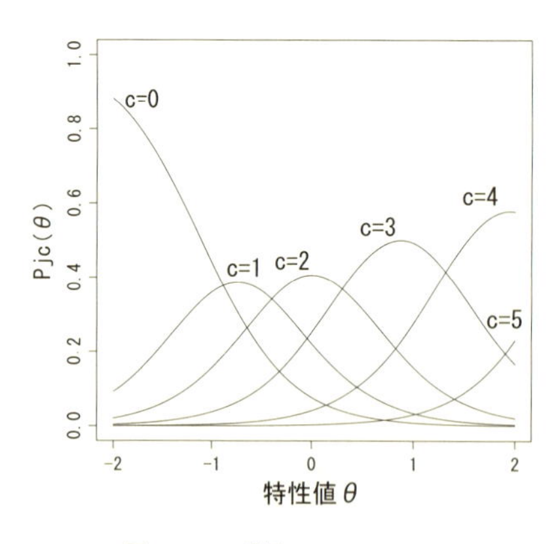

図 11.2　項目 8 の IRCCC

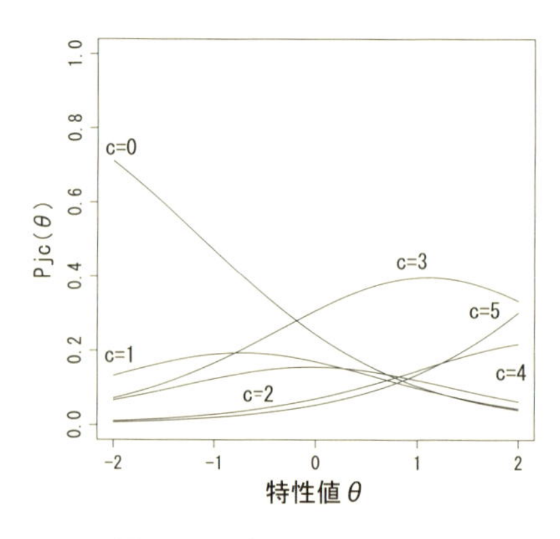

図 11.3　項目 16 の IRCCC

そうでない人をよく識別する項目であり，反対に項目 16 は識別できない項目であると解釈できます．

また表 11.3 を見ると項目 8 の識別力 a_8 は 2.26 と全 20 項目の中で一番大きく，項目 16 の識別力 a_{16} は 1.02 と全 20 項目の中で一番小さい値となっています．このように先ほど述べた識別力 a_j の性質は IRCCC の形状からも確認することができます．

11.5 心理テストの作成

心理カウンセリングでは，カウンセリングの前後で患者の潜在特性の変化を検証するために心理テストを用いることがあります．このとき，再検査用のテストとして，項目内容は異なるけれど同一の潜在特性の測定が可能であるようなテストが必要になります．そのようなテストがあれば，前回の検査経験によって生まれる誤差を避けることができるからです．

そこで本節では「恋愛依存尺度」の再検査用テストとして「新テスト」の作成を試みます．また以降の文章では，「新テスト」に対して「恋愛依存尺度」を「既テスト」と称すことにします．

11.5.1 テストの妥当性

「新テスト」は「既テスト」と同じく「恋愛依存性」を測定するテストとして作成します．したがって，仮に同一の受検者が 2 つのテストを受検した場合，2 つのテストの得点には高い相関が存在するはずです．心理学の分野では，テストのこのような性質を**基準連関妥当性** (criterion-related validity) といい [*5]，このときの相関係数の値を妥当性係数と呼びます．

表 11.4 は実際に作成した「新テスト」です．「新テスト」には「既テスト」と同一の大学生 142 人が 6 件法で回答しました [*6]．両テストの受検結果から推定した妥当性係数の事後分布の数値要約を表 11.5 に示します．妥当性係数の EAP 推定値は 0.83 であり，その値は 95%の確率で 0.79 から 0.87 の範囲に収まるとい

---

*5) 今回のように，既存のテストと新たに作成したテストの基準連関妥当性は，特に**併存的妥当性** (concurrent validity) と呼ばれます．

*6) 「新テスト」の作成とデータ収集に協力して頂いた，早稲田大学文学部心理学コース (当時) の石川雄樹氏，岩田圭介氏，佐倉いちご氏，松尾千夏氏に感謝致します．

表 11.4 「新テスト」の質問項目

項目 21	どんなときも友人より恋人といたい.
項目 22	恋人の 1 日のスケジュールは完全に把握したい.
項目 23	恋人が浮気したら浮気相手を責める.
項目 24	恋人のためなら学校を休みたい.
項目 25	友人との約束を直前でキャンセルし, 恋人と会うことがある.
項目 26	恋人の言うことには何でも従う.
項目 27	毎日恋人と連絡を取らないと気が済まない.
項目 28	恋人がお金に困っていたら, 自分が工面しようと思う.
項目 29	恋人という存在がいないことに耐えられない.
項目 30	恋人のメール内容. 通話履歴などをチェックしたくなる.
項目 31	恋人の SNS は常に監視しないと気が済まない.
項目 32	恋人と円満であっても, 恋人との関係に対して不安になる.
項目 33	定期的に恋人から想いを伝えられないと不安になる.
項目 34	恋人が異性と会うのは, たとえ相手が誰でも嫌である.
項目 35	恋人の居場所を GPS で確認したい.
項目 36	恋人が外出したときは帰宅を確認するまで寝られない.
項目 37	恋人には, 恋人の家族よりも自分のことを大切にして欲しい
項目 38	恋人と同性の友人であっても, 恋人と仲良くされると不安になる.
項目 39	恋人を尾行したい.
項目 40	恋人に心配してもらうためなら, 自傷行為をしてもいい.

表 11.5 妥当性係数の事後分布の数値要約

	EAP	post.sd	2.5%	50%	97.5%
妥当性係数	0.83	0.02	0.79	0.84	0.87

えます. このことから 2 つのテストの間には高い相関があり,「新テスト」には十分な併存的妥当性があると解釈できます.

11.5.2 テストの精度

「既テスト」と「新テスト」はともに「恋愛依存性」という潜在特性の測定を目的としています. 潜在特性は身長や体重と異なり, 必ずしも精度よく測定できるものではないため, テストの精度が非常に重要です. そこで本項では, テスト情報関数 (test information function) を導入し, 2 つのテストの測定精度を比較します.

受検者の特性値 θ を最尤推定法で求めることを考えます. 段階反応モデルの場合, 最大化する対数尤度関数は

$$\frac{\partial}{\partial\theta}\log L(\boldsymbol{u}|\theta) = D\sum_{j=1}^{n} a_j \sum_{c=0}^{C-1} u_{jc}\frac{(p^*_{jc}(\theta)q^*_{jc}(\theta) - p^*_{jc+1}(\theta)q^*_{jc+1}(\theta))}{p_{jc}(\theta)} \tag{11.9}$$

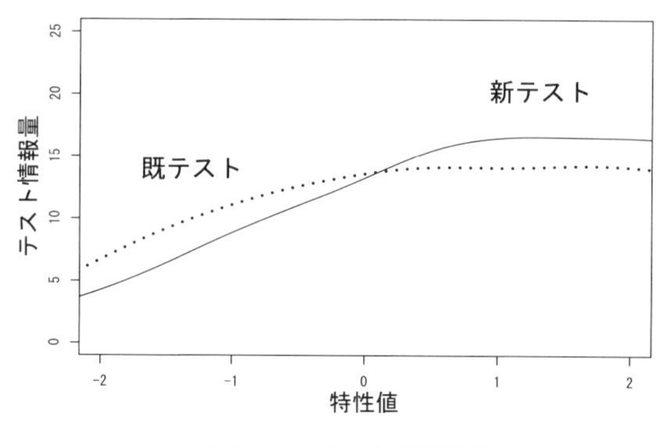

図 **11.4** テスト情報関数

となります[*7]．BCC と IRCCC は既知とすることで，(11.9) 式を 0 とおき，θ に関して解くことで $\hat{\theta}$ を得ることができます．

受検結果から求まる推定値 $\hat{\theta}$ は，理論上母数 θ を中心に分布します．そして推定値には項目数 J が大きくなるに従って，その分散が限りなく

$$V[\hat{\theta}|\theta] = \frac{1}{I(\theta)} \tag{11.10}$$

に近づくという性質があります．ここで $I(\theta)$ は

$$I(\theta) = E\left[\left(\frac{\partial}{\partial\theta}\log L(\boldsymbol{u}|\theta)\right)^2_{\theta=\theta}\right] \tag{11.11}$$

と定義されます．$I(\theta)$ は一般的にフィッシャー情報量として知られており，特に IRT ではテスト情報量と呼ばれています．(11.10) 式からテスト情報量が大きいテストほど，推定値の分散は小さく，精度のよい測定ができるテストと解釈します．またテスト情報量を (11.11) 式のように，特性値 θ の関数で表記したものをテスト情報関数と呼びます．テスト情報関数を描画することで，テストの精度を受検者の特性値に応じて解釈することが可能になります．

図 11.4 に「既テスト」と「新テスト」のテスト情報関数を重ねて描画した結果を示します．横軸に特性値 θ を配し，縦軸にテスト情報量を配しています．テスト情報関数を観察すると，両テストともに平均よりも恋愛依存傾向のない受検者に対して精度が落ちていますが，平均以上の受検者に対してはどちらも比較的高

*7) IRT における対数尤度関数の詳細な導出については豊田 (2012) を参照してください．

い精度を保っています．

ここで (11.10) 式から，テスト情報量の逆数の平方根は，推定値の標準誤差になります．例えば特性値が -1 のとき，「既テスト」と「新テスト」のテスト情報量は 12.48 と 8.86 になり，標準誤差は 0.28 と 0.33 になります．したがって恋愛依存傾向が低い受検者に対しては，「既テスト」のほうが小さい誤差で推定ができるといえます．一方で特性値が 1 のときの標準誤差は，0.26 と 0.24 で「新テスト」のほうが高い精度を保っています．

テスト情報関数は，特性値のレベルごとにテストの精度を解釈でき，受検者集団の特性値の分布に依存しない評価を可能にします．一方でそのような性質は持たないものの，テストの精度を測る別の指標として**信頼性係数** (reliability coefficient) があります．信頼性係数は古典的テスト理論において提案された考え方で，任意に指定した受検者集団に対するテストの精度として解釈できます．そこで本項では IRT の枠組みにおける信頼性係数の扱い方について簡単に紹介します [*8)]．

まず推定によって得られた特性値 $\hat{\theta}$ の分散 $\sigma^2_{\hat{\theta}}$ は

$$\sigma^2_{\hat{\theta}} = \sigma^2_{\theta} + \sigma^2_{e} \tag{11.12}$$

のように θ の分散と測定誤差 e の分散の和で表せると仮定します．このとき，

$$\rho = \frac{\sigma^2_{\theta}}{\sigma^2_{\hat{\theta}}} = \frac{\sigma^2_{\theta}}{\sigma^2_{\theta} + \sigma^2_{e}} \tag{11.13}$$

を信頼性係数として定義します．(11.13) 式から信頼性係数が高いということは，測定誤差の小さいテストであることを意味します．

信頼性係数を求める上では，σ^2_{θ} と σ^2_{e} の値が必要です．このうち，σ^2_{θ} はすでに 1 と固定しているので，σ^2_{e} の値のみを推定します．σ^2_{e} は

$$\sigma^2_{e} = \int_{-\infty}^{\infty} I(\theta)^{-1} g(\theta) d\theta \tag{11.14}$$

によって推定できることが知られています．ここで $g(\theta)$ は特性値の事前分布です．

(11.14) 式にしたがって，両テストの信頼性係数を求めると，「既テスト」は 0.93，「新テスト」は 0.92 となり，信頼性は同程度でした．

11.5.3　信頼性係数が最大となる集団

信頼性係数は，テスト情報関数と受検者集団の分布 $g(\theta)$ に依存して定まりま

*8)　IRT における信頼性係数の詳細な導出については豊田 (1989) を参照してください．

表 11.6　各テストに最も適した集団の分布とその信頼性係数

	最大信頼性係数	$\hat{\mu}_\theta$	$\hat{\sigma}_\theta$
「既テスト」	0.94	0.95	2.36
「新テスト」	0.94	1.36	2.37

す．本項ではこの性質を逆手にとることで，信頼性が最大となる $g(\theta)$ を求めることを考えます．

いま $g(\theta)$ を正規分布と仮定すると，信頼性係数は正規分布の母数を変数に持つ関数として，$\rho(\mu_\theta, \sigma_\theta)$ と表記できます．したがって当該テストに最も適した集団は

$$(\hat{\mu}_\theta, \hat{\sigma}_\theta) = \arg\max_{\hat{\mu}_\theta, \hat{\sigma}_\theta}(\rho(\mu_\theta, \sigma_\theta)) \tag{11.15}$$

によって得ることができます．

表 11.6 に「既テスト」と「新テスト」における信頼性係数が最も高くなる受検者集団の分布とその時の信頼性係数を示します．$\hat{\mu}_\theta$ 以外はほぼ同じ値で，$\hat{\mu}_\theta$ は「新テスト」のほうが大きな値をとっています．よって「新テスト」はより恋愛依存傾向の高い受検者に対して高い精度で測定ができるテストと解釈できます．

文　　献

Load, F. M. and Novick, M. R. (Eds.) (1968). *Statistical Theories of Metal Test Scores*. Reading, Addison-Wesley.

Samejima, F. (1969). Estimation of latent trait ability using a response pattern of graded scores. *Psychometrika, Monograph Supplement*, **17**.

片岡祥・園田直子 (2008). 青年期におけるアタッチメントスタイルの違いと恋人に対する依存との関連について. 久留米大学心理学研究, **7**, 11–18.

豊田秀樹 (1989). 項目反応モデルにおける信頼性係数の推定法. 教育心理学研究, **7**, 283–285.

豊田秀樹 (2012). 項目反応理論 [入門編] (第 2 版). 朝倉書店.

12 Best-Worst 尺度法を利用した展開型 IRT モデル

■ ■ ■

項目反応理論は，テストデータや質問紙データを分析して，項目の特徴を捉え，回答者の能力や性格などの潜在特性を測定するための数理モデルです．多くの項目反応モデルでは，潜在特性 θ が高いほど当該項目への反応 (正答) 確率が高くなることが仮定されます．例えば，学力テストでは特性値の高い回答者ほど難しい項目に正答する確率が高く，また性格検査では潜在特性の値が高いほど上位カテゴリを選択する確率が高くなります．このように，潜在特性 θ の値が高くなるにつれて反応 (正答) 確率が高くなるようなモデルは，**累積型** (cumulative) と呼ばれます．

一方，意見・政策に対する態度の測定や味覚の官能検査では，異なる回答メカニズムが仮定されます．例として，甘さの異なる 4 つのケーキがあり，回答者がそれぞれを試食して，おいしいか否かを回答する場面を想定します．潜在特性 θ は甘さの好みを表し，θ が高いほど甘党であることを表します．また，位置母数 b は各ケーキの甘さを表す母数です．図 12.1 は，甘党の回答者 $1(\theta_1)$ と甘いのが苦手な回答者 $2(\theta_2)$ が，4 つのケーキ (b_1, b_2, b_3, b_4) に対してそれぞれどのような評定を行うかを表しており，右に位置するほど甘いケーキ・甘党の回答者を表します．甘党の回答者 1 は甘いケーキを好むため，自身の特性値 θ_1 により近いケーキ 3 やケーキ 4 をおいしいと回答する確率が高くなります．それに対して，甘いのが苦手な回答者 2 は，自身の特性値 θ_2 により近い甘さ控えめなケーキ 1 やケーキ 2 をおいしいと評価します．

このように，潜在特性 θ と位置母数 b との距離によって反応確率が定式化されるモデルを**展開型** (unfolding) と呼びます．展開型が仮定される態度測定や官能検査の場面では，自分の考えにより近い意見・政策に賛成と反応する確率が高く，また自分の好みにより合った製品においしいと反応する確率が高くなります．

これまで，2 値データや順序カテゴリカルデータ，一対比較データに適用される展開型の項目反応モデルが提案されてきました (Andrich, 1988; Roberts and

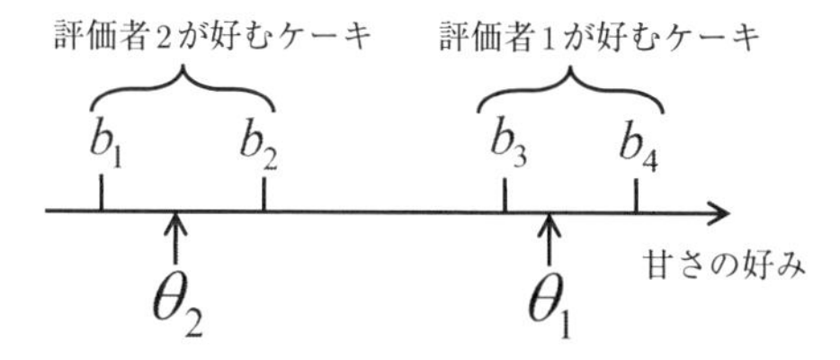

図 12.1　展開型モデルの例

表 12.1　Best-Worst 尺度法の設問例

Best	ケーキ	Worst
	ケーキ 1	○
	ケーキ 2	
○	ケーキ 3	
	ケーキ 4	

Laughlin, 1996; Andrich, 1989). 一対比較法や評定尺度法に加え，近年，調査対象となる複数の意見や製品の集合から一部を取り出して部分集合を作成し，その中に含まれる意見や製品から最も自分に合うものを選択させる **Best 尺度法** (Best Scaling) がマーケティング分野を中心に利用されています．また，選択肢の中から自分の考えや好みに最も合うもの (Best) と最も合わないもの (Worst) を両方とも選ぶ **Best-Worst 尺度法** (Best-Worst Scaling) も，Finn and Louviere (1992) により提案され，様々な分野で適用例が報告されています．

先ほどの 4 つのケーキの好みを調べるために，Best-Worst 尺度法では，表 12.1 に示すような設問を利用して回答を得ます．表 12.1 は，回答者 1 がケーキ 3 を Best として，ケーキ 1 を Worst として回答した結果を表しています．このような設問形式を利用する Best-Worst 尺度法には，判断が比較的容易であることや Best 尺度法と比べて情報量が多いといった利点があります (Marley and Louviere, 2005).

本章では，池原 (2015) により提案された Best 尺度法および Best-Worst 尺度法を利用した展開型項目反応モデル (それぞれ BU モデルおよび BWU モデルと呼ぶことにします) を紹介します．

12.1　モ　デ　ル

12.1.1　Best 尺度法と Best-Worst 尺度法

はじめに，Best 尺度法と Best-Worst 尺度法の定式化について説明します．両モデルは，**多項ロジットモデル** (multinomial logit model) を利用して表現されます．Best 尺度法では，複数の対象を含む集合 S' において対象 k を選択する確率は，対象 k の効用 V_k を利用して，

$$P(k|S') = \frac{\exp(V_k)}{\sum_{k' \in S'} \exp(V_{k'})} \tag{12.1}$$

と表されます [*1)]．一方，Best-Worst 尺度法では，集合 S' において Best として対象 k を，Worst として対象 l を選択する確率は，それぞれの効用を用いて，

$$P(k,l|S') = \frac{\exp(V_k - V_l)}{\sum_{\substack{k' \in S' \\ k' \neq l'}} \sum_{l' \in S'} \exp(V_{k'} - V_{l'})} \tag{12.2}$$

と表現されます [*2)]．効用の差が大きいほど，対象 k を Best，対象 l を Worst として選ぶ確率が高くなることがわかります．これらを利用して，BU モデルと BWU モデルの定式化を行います．

12.1.2 BU モデル

回答者数を I，対象 (意見や製品など) の数を H，設問数を J，各設問で提示される対象の数を M とします．Best 尺度法を利用した展開型項目反応モデルでは，(12.1) 式より，回答者 i $(= 1, \cdots, I)$ が設問 j $(= 1, \cdots, J)$ において対象 k $(= 1, \cdots, M)$ を選択する確率 $p_{j(k)}(\theta_i)$ を以下のように表現します．

$$p_{j(k)}(\theta_i) = \frac{\exp(z_{ij(k)})}{\sum_{k'=1}^{M} \exp(z_{ij(k')})}, \quad k' \in S_j \tag{12.3}$$

$$z_{ij(k)} = -(\theta_i - b_{j(k)})^2 \tag{12.4}$$

θ_i は回答者 i の潜在特性値，$b_{j(k)}$ は設問 j における対象 k の位置母数を表します．S_j は設問 j に含まれる対象の集合であり，H 個から任意に選ばれた M 個の対象が含まれます．また，対象は設問ごとに配置される場所が異なることに注意が必要です．$z_{ij(k)}$ は (12.1) 式の効用 V_k に対応しており，(12.3) 式と (12.4) 式より，潜在特性値 θ_i と対象の位置母数 b_h $(h = 1, \cdots, H)$ との距離が近いほど，選択確率が高くなることがわかります [*3)]．

回答者 i の設問 j への反応ベクトルを $\boldsymbol{u}_{ij}^B$ と表します．また，反応ベクトル $\boldsymbol{u}_{ij}^B$ の k 番目の要素を $u_{ij(k)}$ とします．$M = 4$ の場合には，反応ベクトル $\boldsymbol{u}_{ij}^B$ は，以

---

*1) (12.1) 式の分母では，集合 S' に含まれる対象すべての効用の和を計算しています．

*2) (12.2) 式の分母では，集合 S' に含まれる対象すべての組み合わせの効用差について，和を計算しています．

*3) 位置母数 b_h は，(12.3) 式や (12.4) 式では，設問 j における対象の集合 S_j に応じて，$b_{j(k)}$ と表現されます．

下のいずれかとなります．

$$\boldsymbol{u}_{ij}^{B} = \begin{cases} [1 \ \ 0 \ \ 0 \ \ 0]' \\ [0 \ \ 1 \ \ 0 \ \ 0]' \\ [0 \ \ 0 \ \ 1 \ \ 0]' \\ [0 \ \ 0 \ \ 0 \ \ 1]' \end{cases} \tag{12.5}$$

(12.3) 式より，θ_i と $\boldsymbol{b} = [b_1, b_2, \cdots, b_H]'$ が与えられたときに反応ベクトル $\boldsymbol{u}_{ij}^{B}$ が得られる確率は，次式で表されます．

$$p(\boldsymbol{u}_{ij}^{B}|\theta_i, \boldsymbol{b}) = \prod_{k'=1}^{M} p_{j(k')}(\theta_i)^{u_{ij(k')}} \tag{12.6}$$

12.1.3 BWU モデル

(12.2) 式を拡張して，Best-Worst 尺度法を利用した展開型項目反応モデルでは，回答者 $i\ (= 1, \cdots, I)$ が設問 $j\ (= 1, \cdots, J)$ において対象 $k\ (= 1, \cdots, M)$ を Best として，対象 $l\ (= 1, \cdots, M)$ を Worst として選択する確率 $p_{j(k,l)}(\theta_i)$ を以下のように表現します．

$$p_{j(k,l)}(\theta_i) = \frac{\exp(z_{ij(k,l)})}{\sum_{\substack{k'=1 \\ k' \neq l'}}^{M} \sum_{l'=1}^{M} \exp(z_{ij(k',l')})}, \quad k', l' \in S_j \tag{12.7}$$

$$z_{ij(k,l)} = -(\theta_i - b_{j(k)})^2 + (\theta_i - b_{j(l)})^2 \tag{12.8}$$

$$= 2(b_{j(k)} - b_{j(l)}) \left(\theta_i - \frac{b_{j(k)} + b_{j(l)}}{2} \right) \tag{12.9}$$

θ_i は回答者 i の潜在特性値，$b_{j(k)}$，$b_{j(l)}$ は位置母数であり，S_j は設問 j に含まれる対象の集合を表します．(12.8) 式は効用の差を表しており，整理すると (12.9) 式が導かれます．(12.9) 式より，$b_{j(k)} > b_{j(l)}$ の場合には，$b_{j(k)}$ と $b_{j(l)}$ の差が大きく，かつ，$b_{j(k)}$ と $b_{j(l)}$ の平均よりも θ_i が正に大きいときに，選択確率が高くなります．

ここで，行に Best を，列に Worst を対応させた $M \times M$ 行列 $\boldsymbol{U}_{ij}^{BW}$ を考えます．回答者 i が設問 j において対象 k を Best，対象 l を Worst として選択した場合には，行列 $\boldsymbol{U}_{ij}^{BW}$ の (k, l) 要素に 1 を配し，その他は 0 を配するとします．$M = 4$ の場合には，行列 $\boldsymbol{U}_{ij}^{BW}$ は，

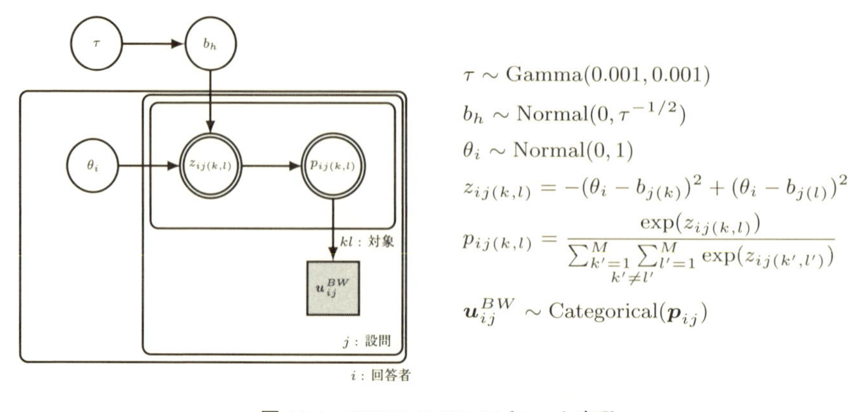

図 **12.2**　BWU モデルのプレート表現

$$\boldsymbol{U}_{ij}^{BW}=\begin{bmatrix} -- & u_{ij(1,2)} & u_{ij(1,3)} & u_{ij(1,4)} \\ u_{ij(2,1)} & -- & u_{ij(2,3)} & u_{ij(2,4)} \\ u_{ij(3,1)} & u_{ij(3,2)} & -- & u_{ij(3,4)} \\ u_{ij(4,1)} & u_{ij(4,2)} & u_{ij(4,3)} & -- \end{bmatrix}$$

となり，対角要素には何も割り当てないものとします．この行列 $\boldsymbol{U}_{ij}^{BW}$ を，対角要素を除いて行を優先してベクトル化したものを，回答者 i の設問 j への反応ベクトル $\boldsymbol{u}_{ij}^{BW} = [u_{ij(1,2)}, u_{ij(1,3)}, \cdots, u_{ij(1,M)}, u_{ij(2,1)}, u_{ij(2,3)}, \cdots, u_{ij(M,1)}, u_{ij(M,2)}, \cdots, u_{ij(M,M-1)}]'$ とします．(12.7) 式より，θ_i と $\boldsymbol{b}$ が与えられたときに反応ベクトル $\boldsymbol{u}_{ij}^{BW}$ が得られる確率は，

$$p(\boldsymbol{u}_{ij}^{BW}|\theta_i, \boldsymbol{b})=\prod_{k'=1}^{M}\prod_{\substack{l'=1 \\ k'\neq l'}}^{M} p_{j(k',l')}(\theta_i)^{u_{ij(k',l')}} \tag{12.10}$$

となります．なお，$u_{ij(k,l)}$ は行列 $\boldsymbol{U}_{ij}^{BW}$ の (k,l) 要素です．以下では，$p_{j(k,l)}(\theta_i)$ を $p_{ij(k,l)}$ と略記し，BWU モデルのプレート表現を図 12.2 に示します．

12.1.4　母数推定と S_j の作成

本モデルでは，村木 (2011) を参考にはじめに HMC 法により位置母数 $\boldsymbol{b}$ を推定し，その推定値を利用して EAP (expected a posteriori) 法によって潜在特性値 θ を求めます．また，de la Torre et al. (2006) や Usami (2011) を参考に，潜在特性値 θ の事前分布には標準正規分布 ($\theta \sim \mathrm{Normal}(0,1)$) を仮定します [*4]．一

---

*4)　潜在特性値の推定方法や事後分布の導出などは，池原 (2015) を参照してください．

方，対象の位置母数 $b_h(h = 1, \cdots, H)$ の事前分布については，平均 0，分散 τ^{-1} の正規分布 ($b_h \sim \text{Normal}(0, \tau^{-1/2})$) を設定します．なお，超母数 τ の事前分布には，ガンマ分布 ($\tau \sim \text{Gamma}(0.001, 0.001)$) を仮定します．

設問 j で提示する M 個の対象が含まれる集合 S_j は，談ら (2000) を参考に，全設問を通して各対象の出現回数が同じになるよう不完備型計画により作成します．以下では，各設問の S_j を全設問分まとめて設問パターン S と表します．設問パターン S は統計解析ソフト R のパッケージ `crossdes` (Sailer, 2013) に含まれる関数 `find.BIB` を利用して作成します．

12.2 分　析　例

遅刻に対する態度を測定するために，Best-Worst 尺度法による質問紙を作成してデータを収集し，提案モデルを適用します．態度測定に用いる意見には，順序カテゴリカルデータを分析した Usami (2011) の 20 個の項目を利用し，BU モデルおよび BWU モデルを適用した結果の比較を行います．

Usami (2011) の遅刻に対する態度を測定するために利用された 20 個の意見 ($H = 20$) を，各設問において 4 つずつ提示する ($M = 4$) 質問紙を作成 (設問数 J =20) し，172 名の回答者 ($I = 172$) に回答してもらいました．回答者には，「4 つの意見のうち，“遅刻”に対するあなたの考えに最も合う意見と最も合わない意見をそれぞれ 1 つずつ選んで下さい．最も合う意見は Best の欄に，最も合わない意見は Worst の欄に○印を入れて下さい．」という教示文を示し，回答を得ました．表 12.2 に設問に対する回答形式の例を示します．

表 12.2　態度測定のための Best-Worst 尺度法の設問例

Best	意見	Worst
	理由が何であっても，遅刻をするような人には信頼を置くことはできない	
	遅刻をしないように，我々は常に最善の努力をすべきである	
	本人に直接的な原因がない場合には，遅刻が許されることはある	
	時間を守ることや遅刻することは，その人の人間性とは無関係であると思う	

12.2.1 分析結果

BU モデルおよび BWU モデルにおいて推定された遅刻に対する 20 個の意見の位置母数 $\boldsymbol{b}$ と位置母数の分散 τ^{-1} の EAP 推定値を表 12.3 に示します *5)．同

表 12.3 意見の位置母数に関する推定結果

意見	BU	BWU
1. いかなる理由であっても，大事な人に会うかどうかに限らず，遅刻をすることは絶対に許されることではない	−2.249	−1.888
2. 突然の事故など，本当に特別な理由がない限り遅刻を許すことはできない	−1.659	−1.491
3. いかなる理由であっても，遅刻をすることはその人の人間的な価値を減じる	−1.832	−1.686
4. 遅刻をすることは人として恥ずかしいことである	−1.533	−1.433
5. 理由が何であっても，遅刻をするような人には信頼を置くことはできない	−2.059	−1.746
6. 基本的に遅刻は許される行為ではない	−0.770	−0.818
7. 遅刻をしないように，我々は常に最善の努力をすべきである	−0.210	−0.336
8. 本人に直接的な原因がない場合には，遅刻が許されることはある	0.602	0.658
9. 遅刻をしても許される場面はいくらかある	1.039	1.038
10. 遅刻は時に誰でもしてしまう，ある意味仕方のない行為である	1.148	1.138
11. 遅刻をするかしないかで，その人の価値を判断することはない	1.427	1.372
12. 多くの場合，遅刻は望ましくないが，遅刻は必ずしも責められるべきものではない	0.593	0.603
13. 遅刻が良いことなのか悪いことなのかは判断しかねる	1.796	1.616
14. 大した用件ではない場合などでは，遅刻はしてしまうものである	1.516	1.523
15. 決められた時間に縛られて行動する必要はないと思う	2.217	1.887
16. 時間については少しくらいルーズな方が良いと思う	2.068	1.823
17. 時間にとらわれず，自分のペースに基づいて行動すべきである	2.186	1.885
18. 時間を守ることや遅刻することは，その人の人間性とは無関係であると思う	1.906	1.792
19. 決められた時間通りに着こうとする努力はしなくて良い	2.509	2.168
20. どのような場合であっても，時間を守って行動する必要はない	2.402	2.295
位置母数 $\boldsymbol{b}$ の平均	0.555	0.520
位置母数の分散 τ^{-1}	3.268	2.695

*5) 本分析例では，間引き間隔を 5 とし，11000 回のサンプリングを行いました．初期値の影響を除去するために，前半の 1000 回分をウォームアップ期間として破棄して，後半の 10000 個の MCMC 標本を利用して母数の推定を行います．

時に，位置母数の推定値の平均も計算しました．位置母数 b の値が低いほど遅刻に対して厳しい意見であることを表し，値が高いほど遅刻に対して寛容な意見であることを表します．同様に，潜在特性値 θ の値が小さいほど遅刻に対して厳しい回答者であることを表し，値が大きいほど遅刻に対して寛容な回答者であることを表します．

表 12.3 より，「いかなる理由であっても，大事な人に会うかどうかに限らず，遅刻をすることは絶対に許されることではない」や「理由が何であっても，遅刻をするような人には信頼を置くことはできない」といった項目が厳しい意見であることがわかります．一方，「決められた時間通りに着こうとする努力はしなくて良い」や「どのような場合であっても，時間を守って行動する必要はない」という項目が寛容な意見として推定されました．

項目反応理論では，潜在特性 θ の推定の精度を表す指標として，情報量 $I(\theta)$ を用います．池原 (2015) では，BU モデルおよび BWU モデルに関して，位置母数 $\boldsymbol{b}$ が既知のもとでの情報量 ($I_B(\theta)$ と $I_{BW}(\theta)$) が導出されており，推定値の標準偏差を θ のレベルごとに見積もることができます．

文　献

Andrich, D. (1988). The application of an unfolding model of the PIRT type to the measurement of attitude. *Applied Psychological Measurement*, **12**, 33–51.

Andrich, D. (1989). A probabilistic IRT model for unfolding preference data. *Applied Psychological Measurement*, **13**, 193–216.

de la Torre, J., Stark, S. and Chernyshenko, O. S. (2006). Markov Chain Monte Carlo estimation of item parameters for the generalized graded unfolding model. *Applied Psychological Measurement*, **30**, 216–232.

Finn, A. and Louviere, J. J. (1992). Determining the appropriate response to evidence of public concern: The case of food safety. *Journal of Public Policy and Marketing*, **11**, 12–25.

Marley, A. A. J. and Louviere, J. J. (2005). Some probabilistic models of best, worst, and best-worst choices. *Journal of Mathematical Psychology*, **49**, 464–480.

Roberts, J. S. and Laughlin, J. E. (1996). A unidimensional item response model for unfolding responses from a graded disagree-agree response scale. *Applied Psychological Measurement*, **20**, 231–255.

Sailer, M. O. (2013). Crossdes: Construction of crossover designs. R package version 1.1-1. http://CRAN.R-project.org/package=crossdes

Usami, S. (2011). Generalized graded unfolding model with structural equation for subject parameters. *Japanese Psychological Research*, **53**, 221–232.

池原一哉 (2015). Best-Worst 尺度法による展開型項目反応モデル. 心理学研究 **85**, 560–570.
談小健・高野泰・岸野洋久 (2000). 不完備型嗜好テストにおける四者択一方式の有効性. 計量生物学, **20**, 167–179.
村木英治 (2011). 項目反応理論. 朝倉書店.

第 3 部

認知モデル

13 心理パート：カッパ係数

■ ■ ■

発達心理学ではある幼児について特定の行動の有無をチェックリスト等を用いて観察することがあります．その際，特定の行動の定義はあれど，幼児の行動がそれに該当するか否かは観察者の判断に大きく依存すると考えられます．したがってこのような評定においては複数評定者の間でその評定の一致度を算出し，該当評定者の評定の類似度や，用いたチェックリストという測定器具の性質を記述します．本章ではその一致度の指標として用いられる**カッパ係数** (kappa coefficient) を取り扱っていきます．

幼児の観察問題：ある大学の心理学コースの学生である O さんは観察法の授業でチェックリスト法を用いた観察を行いました．観察対象は新奇な部屋における幼児の「発声」の有無でした．無邪気な幼児の様子に癒されつつも，一通り観察を終えた O さんは「判断に迷う場面が数箇所あったけれど自分はどれくらい正しく観察できたのだろう」と疑問をもちました．そこで O さんは同じく心理学コースの学生である S 君に同様の手順で得たデータを貰い，その一致度を算出することとしました．以下にそのデータを示します．

表 13.1 幼児の観察問題データ

観測時点	1	2	3	4	5	6	7	8	9	10	11	12
O さん	0	0	0	0	1	0	0	0	0	0	0	0
S 君	0	0	0	0	1	0	0	0	0	0	0	0
観測時点	13	14	15	16	17	18	19	20	21	22	23	24
O さん	0	0	0	0	0	0	0	1	0	0	0	0
S 君	0	0	0	0	0	0	0	1	0	1	0	0
観測時点	25	26	27	28	29	30	31	32	33	34	35	36
O さん	1	1	1	1	0	1	1	1	0	1	0	1
S 君	1	1	1	1	1	1	1	0	0	1	0	1

表 13.2 幼児観察問題のクロス表

	無し (S)	有り (S)	計
無し (O)	23	2	25
有り (O)	1	10	11
計	24	12	36

表 13.3 幼児観察問題のセル確率表

	無し (S)	有り (S)	計
無し (O)	23/36	2/36	25/36
有り (O)	1/36	10/36	11/36
計	24/36	12/36	1

表 13.1 は「幼児の観察問題」における O さんと S 君の幼児の観察データです．観察の観点は「発声」の有無であり，データは 6 分間の映像に対して 10 秒ずつ，計 36 時点における評定を記録しました．0 は「発声無し」，1 は「発声有り」を示しています．例えば観察時点 1 においては O さん，S 君ともに「発声無し」と評定しています．

本章の目的は評定の一致度の算出であるため，一致した評定の数と一致しなかった評定の数が興味の対象となります．したがって各時点の 2 名の評定を 1 つの組として考え，それぞれ一致した評定と一致しなかった評定に分類する必要があります．このとき一致した評定には双方が「発声有り」とした場合と，双方が「発声無し」とした場合の 2 種類があります．また一致しなかった評定についても 2 種類あるため，評定は全部で 4 つのカテゴリに分類されます．以上の観点から表 13.1 を再集計すると表 13.2 となりました．表の (O) は O さんの評定であり，(S) は S 君の評定です．

13.1 クロス表・セル確率表

表 13.2 の数値はそれぞれ O さんと S 君の評定の組み合わせが観察された度数です．例えば 1 行 2 列の 2 は O さんが「発声無し」，S 君が「発声有り」とした評定の度数です．また 1 行 3 列の 25 は 1 行 1 列と 1 行 2 列の和となっており，S 君の評定にかかわらず O さんが「発声無し」とした評定の度数です．ここで前者のように両者の評定を考慮した度数を**同時度数** (simultaneous frequency) といい，後者のようにどちらか一方の評定のみを考慮した度数を**周辺度数** (marginal frequency) といいます．このように同時度数，周辺度数を対応する箇所に配した表を**クロス表** (cross table) と呼びます．

次に表 13.3 を見てみましょう．表 13.2 では度数が示されていましたが，ここ

ではその生起確率 *1) が配されています．例えば 1 行 1 列の 23/36 は O さんも S 君も「発声無し」と評定した確率です．また 25/36 は S 君の評定にかかわらず O さんが「発声有り」と評定した確率です．この 2 種類の確率に関して，先ほどと同様に前者のような両者の評定を考慮した確率を**同時確率** (simultaneous probability)，後者のように一方の評定のみを考慮した確率を**周辺確率** (marginal probability) といいます．また表 13.3 のように対応する箇所に確率を配した表を**セル確率表** (cell probability table) と呼びます．

それでは本来の目的であった一致度を算出してみましょう．観察された一致度を P_0 とすると，P_0 はセル確率表の対角要素の総和となり，

$$P_0 = \frac{23}{36} + \frac{10}{36} = \frac{33}{36} \simeq 0.92 \tag{13.1}$$

と計算されます．一致度は 92% と算出され，「充分な一致度だから，二人の評定には整合性がある」と判断したくなるかもしれません．しかしその判断は必ずしも正しいとは限りません．その理由について議論するために，**独立**と**連関**という概念についてみていきましょう．

13.1.1 独 立 と 連 関

ある学校の高校 1 年生 100 人を対象に，音楽・体育，数学・物理のテストを行い，そのテスト得点に関して 80 点を基準とし，「優」「可」の評定をつけたと想定した場合の 2 つのセル確率表を考えます．

いま，目の前に 1 人の生徒がいて，その音楽の評定が「可」である確率を考えることとします．このとき体育の評定を考慮しないとすると，その確率は表 13.4 の 1 行 3 列より，60/100 となります．次にその生徒の体育の成績が「可」であることがわかった場合を考えます．体育の成績が「可」である生徒は全体の 75% であり，体育の評定と音楽の評定がともに「可」である生徒は全体の 45% であるため，求めたい確率は

$$\frac{45/100}{75/100} = 60/100 \tag{13.2}$$

となります．またその生徒の体育の成績が「優」であることがわかっている場合も同様の方法で 60/100 と求めることができます．ここで求めた 3 つの確率がす

---

*1) ここで示されている生起確率は実際に観測された度数から計算される標本確率です．

表 **13.4**　音楽 × 体育のセル確率表

	体育可	体育優	計
音楽可	45/100	15/100	60/100
音楽優	30/100	10/100	40/100
計	75/100	25/100	1

表 **13.5**　物理 × 数学のセル確率表

	数学可	数学優	計
物理可	50/100	5/100	55/100
物理優	20/100	25/100	45/100
計	70/100	30/100	1

べて等しいということに注目してください．すなわち，「体育の評定」は「音楽の評定」を考える上で何の影響ももちません．このように一方の事象の生起がもう一方の事象の生起に影響を与えないという事象間の関係を独立 (independence) といいます．

次に独立の成り立つ事象間に見られる特徴についてみていきます．音楽の評定が「可」である確率を $Pr(音_{可})$，体育の評定が「可」である確率を $Pr(体_{可})$ とします．このとき音楽の評定と体育の評定の双方が「可」である同時確率 $Pr(音_{可} \cap 体_{可})$ は

$$Pr(音_{可} \cap 体_{可}) = Pr(体_{可})Pr(音_{可}| 体_{可}) \tag{13.3}$$

と求めることができます．$Pr(音_{可}| 体_{可})$ とは体育の評定が「可」であることがわかったもとで音楽の評定が「可」である確率です．$Pr(音_{可}| 体_{可})$ は (13.2) 式で計算したように 60/100 でした．また $Pr(体_{可})$ は表 13.4 の 3 行 1 列より 75/100 とわかり，これらを (13.3) 式に代入することで $Pr(音_{可} \cap 体_{可})$ は

$$Pr(音_{可} \cap 体_{可}) = 75/100 \times 60/100 = 45/100 \tag{13.4}$$

と求めることができます．これは表 13.4 の 1 行 1 列の同時確率と一致しています．ここで体育の評定がわかる前とわかった後で，音楽の評定は「可」になる確率が変わらなかったことを思い出しましょう．つまり

$$Pr(音_{可}| 体_{可}) = Pr(音_{可}) \tag{13.5}$$

です．(13.5) 式を (13.3) 式に代入すると (13.6) 式が得られます．

$$Pr(音_{可} \cap 体_{可}) = Pr(音_{可})Pr(体_{可}) \tag{13.6}$$

つまり独立な事象の同時確率はそれぞれの周辺確率の積となります．

表 13.5 は独立が成り立っていない場合のセル確率表です．互いの事象がもう一方の生起に影響を与える関係にあり，独立が成り立っていない状態のことを連関 (association) と呼びます．独立が成り立っていないことは数学の評定，物理の評

定の双方が「可」である同時確率 50/100 が周辺確率 70/100, 55/100 の積にならないことからも確認されます．

次に表 13.4 における観察された一致度 P_0 を算出します．(13.1) 式のように，「幼児の観察問題」データで算出した場合と同様の方法で P_0 を算出すると，0.55 という一致度となります．しかし本例において体育教師は体育の成績を基準に，音楽教師は音楽の成績を基準に評定をしているため，その一致に意味はありません．つまり 0.55 という一致度は偶然の一致によるものです．これと同様に「幼児の観察問題」において先ほど算出した 0.92 という一致度にも偶然の一致が含まれています．したがって P_0 の値をそのまま一致度の指標として用いることができません．

13.1.2　カッパ係数

それでは「幼児の観察問題」における全体の一致度 P_0 に含まれる偶然の一致の影響を評価し，取り除く方法についてみていきましょう．体育と音楽の成績の例から，偶然による一致は互いの評定が独立であると仮定した場合の一致と見なすことができます．また独立が成り立つ場合，2 人の評定者の評定に関する同時確率は，それぞれの評定者の評定の周辺確率の積で求めることができました．したがって偶然に O さん，S 君の双方が「有り」と評定した確率は，O さんが「有り」と評定した確率と S 君が「有り」と評定した確率の積によって求めることができます．また偶然双方が「無し」と評定した確率も同様の手順で求められ，2 人の評定が偶然一致した確率はこの 2 つの確率の和となります．よって評定が偶然一致した確率を P_e とすると，「幼児の観察問題」データにおける P_e は

$$P_e = \frac{25}{36} \times \frac{24}{36} + \frac{11}{36} \times \frac{12}{36} = \frac{61}{108} \simeq 0.57 \tag{13.7}$$

と求めることができます．この値を使って偶然による一致の影響を排した一致度を計算しましょう．

例えば 1300 円持っている子どもが 700 円のおもちゃを買ったとします．このとき 500 円は母親に貰ったおこづかいであり，残りは自分の貯金です．子どもが自分の貯金を何% 使ったか，を求めましょう．まず子どもが使えるお金の総額 1300 円のうち，500 円は貯金ではないので，$1300-500$ で求められます．次に実際に使った 700 円のうち，500 円はおこづかいで賄えるので，$700-500$ が貯金で賄った額となります．したがって子どもは貯金の $(700-500)/(1300-500) = 200/800 = 0.25$,

すなわち 25% を使用したと求められます．評定の一致度も同様の考え方をします．先に求めた観察された一致度 P_0 はすべての評定の対の 92% が一致していることを示しています．P_e はすべての評定対の 57% が偶然による一致であることを示しています．したがって 1 から P_e を引いた値に対する，P_0 から P_e を引いた値の割合が求めたい一致度となります．つまり

$$\frac{0.92-0.57}{1-0.57} \simeq 0.81 \tag{13.8}$$

と求めることができます．この一致度が**カッパ係数** (kappa coefficient) です．カッパ係数は Cohen (1960) によって提案されたカテゴリカル変数間の一致度の指標であり，複数の評定者による評定の信頼性指標として用いられます．表記にはギリシャ文字の κ が用いられます．

13.1.3 クロス表と多項分布

表 13.6，表 13.7 はそれぞれ本節冒頭で導入したクロス表とセル確率表を一般的に表現したものです．なお N は試行回数，n_k は各カテゴリの生起回数，p_k は各カテゴリの生起確率，添え字 k は評定の組み合わせの種類を表しています．ここで表 13.6 は 2 名の評定者が N 回評定をし，その組み合わせを 4 つの評定の組み合わせ ($k=1,2,3,4$) に分類したところ，その度数はそれぞれ n_1, n_2, n_3, n_4 であったデータと捉えることができます．このとき 4 つのカテゴリがそれぞれ n_k 回生起する同時確率は各評定の組み合わせが互いに独立であるという仮定のもと

$$p_1^{n_1} \times p_2^{n_2} \times p_3^{n_3} \times p_4^{n_4} \tag{13.9}$$

と考えることができます．しかし (13.9) 式は N 回の試行のうち，4 種類の評定の組み合わせが起こる順番を考慮していません．各評定対の起こる順番は同じものを含む順列の数だけあるため，その数は

$$\frac{N!}{n_1!n_2!n_3!n_4!} \tag{13.10}$$

となります．したがってクロス表が観察される確率は

表 13.6 クロス表

	B_1	B_2	計
A_1	n_1	n_2	n_1+n_2
A_2	n_3	n_4	n_3+n_4
計	n_1+n_3	n_2+n_4	N

表 13.7 セル確率表

	B_1	B_2	計
A_1	p_1	p_2	p_1+p_2
A_2	p_3	p_4	p_3+p_4
計	p_1+p_3	p_2+p_4	1

$$\frac{N!}{n_1!n_2!n_3!n_4!} \times p_1^{n_1} \times p_2^{n_2} \times p_3^{n_3} \times p_4^{n_4} \tag{13.11}$$

です．この式を一般化した確率分布を**多項分布** (multinomial distribution) と呼びます．多項分布は結果が 2 値以上で得られる独立の試行を N 回行ったときに各カテゴリの生起回数が従う分布です．その意味で多項分布は二項分布の一般形です．

以上より，これまで「幼児の観察問題」において算出してきた P_0, P_e そしてカッパ係数は

$$P_0 = p_1 + p_4 \tag{13.12}$$

$$P_e = (p_1 + p_2) \times (p_1 + p_3) + (p_3 + p_4) \times (p_2 + p_4) \tag{13.13}$$

$$\kappa = \frac{P_0 - P_e}{1 - P_e} \tag{13.14}$$

と表現できます．それでは「幼児の観察問題」データを用いて，O さんと S 君の評定のカッパ係数を算出しましょう．また以下の **RQ** についても考えましょう．

RQ.1　カッパ係数は平均的にいくつでしょうか．

RQ.2　カッパ係数は 95%の確信でどの区間にあるでしょうか．

RQ.3　カッパ係数が 0.6 を超える確率はどの程度でしょうか．

13.1.4　分　　析

以下のようなモデルを考えます．

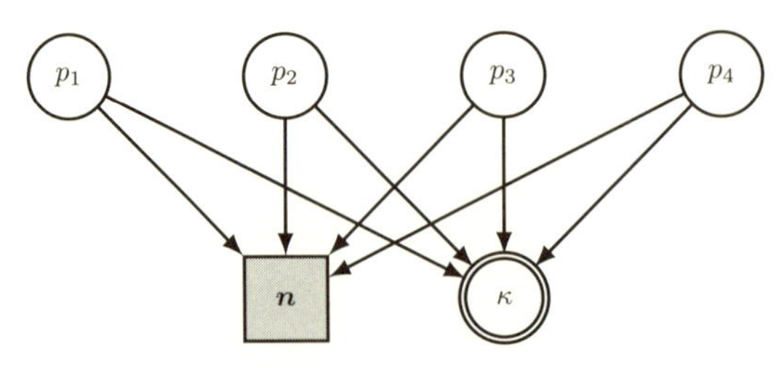

図 13.1　カッパ係数のプレート図

$$p_k \sim \text{Uniform}(0,1) \text{ ただし } \sum_{k=1}^{4} p_k = 1, \quad \boldsymbol{n} \sim \text{Multinomial}(p_1, p_2, p_3, p_4)$$

ただし $\boldsymbol{n} = \{n_1\ n_2\ n_3\ n_4\}$

$$\kappa = \frac{(p_1 + p_4) - \{(p_1 + p_2) \times (p_1 + p_3) + (p_3 + p_4) \times (p_2 + p_4)\}}{1 - \{(p_1 + p_2) \times (p_1 + p_3) + (p_3 + p_4) \times (p_2 + p_4)\}}$$

プレート図中で表現されているように，カッパ係数は多項分布の生成量として求めることができます．したがってその生成量の事後分布の EAP 推定値がカッパ係数の平均的な値となります (**RQ.1**)．またその 95% 確信区間を評価することで，カッパ係数が 95% の確率で収まる範囲を求めることができます (**RQ.2**)．加えて以下の生成量を定義します．

$$u^{(t)}_{\kappa>0.6} = \begin{cases} 1 & \kappa^{(t)} > 0.6 \\ 0 & \text{それ以外の場合} \end{cases} \tag{13.15}$$

生成量 $u_{\kappa>0.6}$ の EAP を評価することで，カッパ係数が 0.6 を超える確率を求めることができます (**RQ.3**)．

分 析 結 果

推定結果を表 13.8 に示します [*2)]．

表 13.8 の多項分布の母数 p_1, p_2, p_3, p_4 の EAP 推定値を見比べると，O さんも S 君も「発声無し」と評定する確率が最も高く，反対に O さんが「発声有り」，S 君が「発声無し」と評定する確率が最も低いといえます．またカッパ係数に関しては平均的には 0.71 となり，95% の確率で 0.45 から 0.90 の間に存在すること

表 13.8　推定結果

	EAP	post.sd	2.5%	50%	97.5%
p_1(無し (O), 無し (S))	0.60	0.08	0.44	0.60	0.74
p_2(無し (O), 有り (S))	0.08	0.04	0.02	0.07	0.17
p_3(有り (O), 無し (S))	0.05	0.03	0.01	0.04	0.14
p_4(有り (O), 有り (S))	0.28	0.07	0.15	0.27	0.42
κ	0.71	0.12	0.45	0.72	0.90
$U_{\kappa>0.6}$	0.84	0.36	0.00	1.00	1.00

*2)　4 つのマルコフ連鎖それぞれにおいて，事後分布から 10000 回のサンプリングを行い，最初の 5000 回をウォームアップ期間として破棄し，合計 20000 個の母数の標本を用いて計算した結果を示しています．

がわかりました (**RQ.1**, **RQ.2** への回答). カッパ係数が 0.6 を超える確率は生成量 $u_{\kappa^{(t)}>0.6}$ の EAP 推定値より 84% でした (**RQ.3** への回答).

文　献

Cohen, J. (1960). A coefficient of agreement for nominal scales. *Educational and Psychological Measurement*, **20**, 37-46.

14　心理物理学

■ ■ ■

みかんを2つ手に取り，どちらか1つを選んで食べるとき，より中身が詰まっていて重いほうを選ぶと思います．このとき，外的刺激(手に伝わる重み)が感覚(「右手のみかんのほうが重い」と感じること)を引き起こし，判断を行っていると考えられます．このような外的刺激と感覚の関係を数理的に表す学問は**心理物理学** (psychophysics) と呼ばれ，使いやすさを考慮した衣服や日用雑貨の商品開発などに応用されています．本章ではミュラー・リヤー錯視実験を行い，収集したデータの分析を通して物理刺激に対する感覚の考察を行います．

14.1　分　析　例

心理物理学の主な測定対象は**感覚閾** (sensory threshold) です．これは重さや匂いなど，2つの刺激を比較した際に，2つが異なっていると感じる刺激の強度差のことです．本章では感覚閾を測定する一例として，ミュラー・リヤー錯視実験を取り上げ，実際にデータ分析を行います．本実験では古典的な測定法の1つである**恒常法** (method of constant stimuli) によってデータを収集します[*1]．実験状況は次の通りです．

ミュラー・リヤー錯視実験問題：実験参加者に図14.1のような2つの図形を提示し，右の図形(基準刺激)に比べて左の図形(比較刺激)のほうが長いと判断すれば1，そうでなければ0と回答してもらいました．基準刺激の主線の長さは6 cm，斜線の長さは1.2 cm，矢羽の角度は150度です．7段階の比較刺激は主線の長さがそれぞれ$\{4.2, 4.8, 5.4, 6.0, 6.6, 7.2, 7.8\}$ cmで，斜線の長さは1.2 cm，矢羽の角度は30度です．比較刺激ごとにそれぞれ20回

[*1] 恒常法とは実験計画者が予め刺激強度の段階(通常は5〜9段階)を設定し，その刺激の中からランダムに選んだものを呈示して実験参加者に判断してもらう実験法です．

提示し，計 140 回試行を行いました．結果は表 14.1 です．

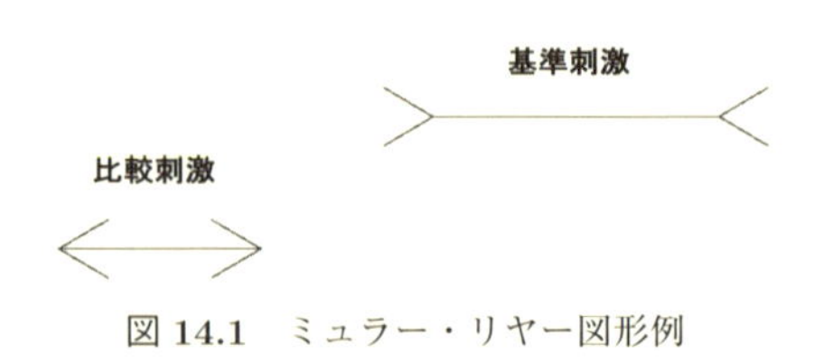

図 14.1 ミュラー・リヤー図形例

表 14.1 ミュラー・リヤー錯視実験データ

比較刺激 (cm)	4.2	4.8	5.4	6.0	6.6	7.2	7.8
判断回数	0	0	0	0	1	13	20

実験参加者が比較刺激 i を基準刺激より長いと判断する回数 r_i $(i = 1, \ldots, 7)$ は総試行回数 $S = 20$，母数 θ_i の二項分布に従うと仮定します．この確率 θ_i に仮定される関数を**心理物理関数** (psychophysical functions) と呼び，永井ら (2006) のように累積正規分布やロジスティック回帰モデルが用いられます．本章ではロジスティック関数を用い，基準刺激と比較刺激の差 $x_i = \{-1.8, \ldots, 1.8\}$ で判断確率 $\boldsymbol{\theta}$ を説明します．母数 α はロジスティック関数の位置を，β は傾きを表しており，それぞれの事前分布として無情報一様分布を仮定します．

$$\theta_i = \frac{1}{1 + \exp\{-(\alpha + \beta x_i)\}} \tag{14.1}$$

以上のモデルのプレート表現を図 14.2 に示します．

続いて，弁別実験において一般的に興味の対象となる 2 つの指標を説明します．実験参加者が基準刺激と比較刺激が等しいと知覚できる点を**主観的等価点** (point of subjective equality, PSE) と呼びます．PSE は基準刺激よりも比較刺激の方が重いと判断する確率が五分五分となる点で定義され，心理物理関数における 50%点と一致します．そのため (14.1) 式を利用して以下のように定義できます．

$$\mathrm{PSE} = \left\{\log\left(\frac{0.5}{1 - 0.5}\right) - \alpha\right\} \Big/ \beta = -\alpha/\beta$$

今回の実験において矢羽の向きが内側の図形は外側の図形と比べ，主線の長さが

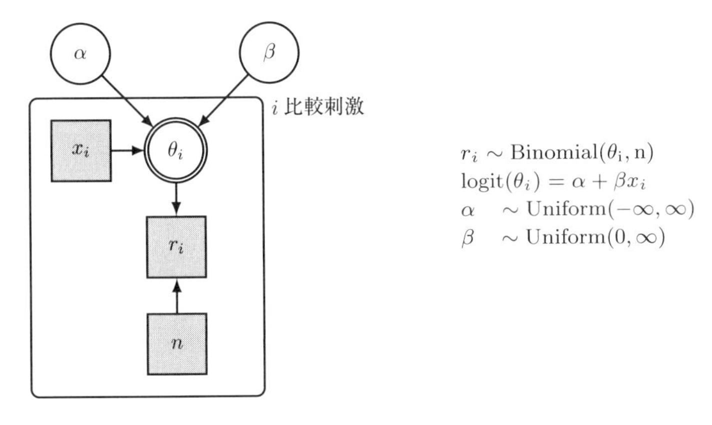

図 14.2　心理物理モデルのプレート表現

短く評価されやすい傾向にあるため，PSE は正の値をとることが予想できます．このPSE と心理物理関数の第 3 四分位である 75%点を用いることで**丁度可知差異** (just noticeable difference, JND) を以下のように定義することができます [*2)]．

$$\mathrm{JND} = \left\{\log\left(\frac{0.75}{1-0.75}\right) - \alpha\right\} \Big/ \beta - \mathrm{PSE}$$

この範囲が狭いことと心理物理関数の傾きが大きいことは同義であり，実験参加者の刺激に対する感度の指標としてしばしば用いられます．表 14.1 のデータについて α, β に加え，これらの指標も求め，実験参加者の感覚について考察します．

分　析　結　果

実験参加者の母数 α, β の事後分布と生成量 PSE，JND の数値要約を表 14.2 に示します [*3)]．α と β の EAP を用いて描画した心理物理関数は図 14.3 です．

PSE の EAP 推定値より，実験参加者は平均的に比較刺激が $6 + 1.094 = 7.094$ cm のとき，基準刺激と等しいと判断していることがわかりました．予想通り，矢羽の向きが内側の図形のほうが主線の長さが短く評価される傾向が読み取れます．また JND の EAP 推定値より，実験参加者が 75%の確率で比較刺激のほうが基

---

*2)　本章では第 3 四分位点を用いて分析を行っていますが，Ernst (2006) のように標準正規分布において 1 標準偏差分離れた 84%点を用いる場合もあります．

*3)　4 つのマルコフ連鎖それぞれにおいて，事後分布から 10000 回のサンプリングを行い，最初の 5000 回をウォームアップ期間として破棄し，合計 20000 個の母数の標本を用いて計算した結果を示しています．

表 14.2 錯視実験問題の母数の推定結果

	EAP	post.sd/sd	2.5%	50%	97.5%
α	−8.347	2.543	−14.762	−7.695	−4.595
β	7.602	2.159	4.393	7.259	13.022
PSE	1.094	0.069	0.951	1.097	1.219
JND	0.156	0.042	0.084	0.151	0.250

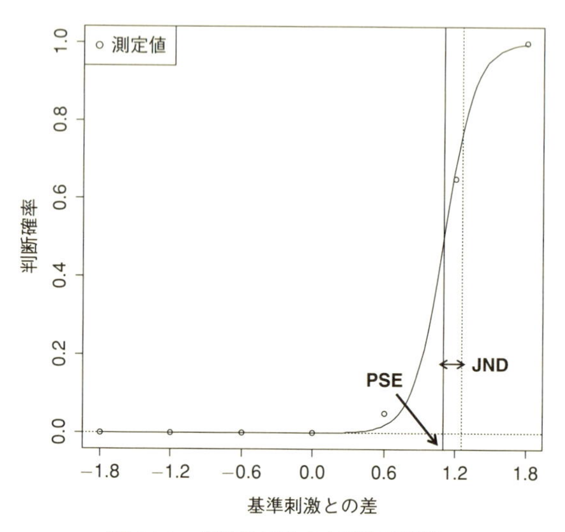

図 14.3 実験参加者の心理物理関数

準刺激よりも長いと判断するには，比較刺激は PSE よりも平均的に 0.156 cm 長い必要があることがわかりました．最後に付加的な分析として，PSE が基準刺激の 20% $(6 \times 0.2 = 1.2)$ から 30% $(6 \times 0.3 = 1.8)$ の範囲内に含まれる確率を求めます．この範囲は今井 (1984) で紹介されている平均的な PSE の値を参考にしています．検証のために以下のような生成量を定義しました．

$$u^{(t)}_{1.2<\mathrm{PSE}<1.8} = g(\alpha^{(t)}, \beta^{(t)}) = \begin{cases} 1 & 1.2 < \mathrm{PSE}^{(t)} < 1.8 \\ 0 & \text{それ以外} \end{cases}$$

この $u_{1.2<\mathrm{PSE}^{(t)}<1.8}$ の事後分布の EAP を求めたところ，$\widehat{U}_{1.2<\mathrm{PSE}<1.8} = 0.053$ でした．つまりこの実験参加者の PSE が 20%から 30%の範囲内に含まれる確率がわずか 5.3%であることがわかりました．PSE の 95%確信区間と併せて考察すると，この実験参加者は一般的な傾向よりも比較刺激を過小評価しているといえ

ます.

文　　献

Ernst, M. O. (2006). A Bayesian view on multimodal cue integration. *Human body perception from the inside out*, **131**, 105-131.
Lee, M. D. and Wagenmakers, E. J. (2013). *Bayesian Cognitive Modeling: A Practical Course*. Cambridge University Press, pp.168-175.
今井省吾 (1984). 錯視図形—見え方の心理学. サイエンス社.
ゲシャイダー, G. A. (著), 宮岡徹 (監訳), 倉片憲治・金子利佳・柴崎朱美 (訳)(2002). 心理物理学—方法・理論・応用— (上巻). 北大路書房.
永井岳大・星野崇宏・内川惠二 (2006). 恒常法により推定された閾値間の統計的有意差検定法. *VISION*, **18**, No.3, 113-123.
村岡哲也 (2005). 心理物理学—心理現象と視機能の応用—. 技報堂出版.

15 信号検出理論

■ ■ ■

いま，音が聴こえたらボタンを押すよう求められる聴覚検査の場面を思い浮かべてみてください．音が非常に小さい場合には，鳴っているのに聴こえないこともあるでしょう．ある程度大きな音になると，聴こえるという明確な判断ができるようになります．また，ときには，検査の最中に耳鳴りが生じて，音が聴こえたと勘違いしてボタンを押してしまうこともあるかもしれません．

信号検出理論 (signal detection theory, SDT) は，聴覚検査のような刺激の有無を判断する感覚・知覚の実験において，実験参加者の行動を説明するために用いられます．信号検出理論はもともと，レーダーの性能を評価するための通信工学的理論として 1950 年代に開発され，その後，心理物理学の理論として定着しました (竹内, 1989)．レーダー・システムでは，ノイズ (noise) の中からターゲットとなる信号 (signal) を正しく感知する検出力を調べることで，レーダーの性能を評価します．ここで，ノイズを無視すべき刺激，信号をターゲットとなる刺激と置き換えることで，信号検出理論によって，刺激を正しく判別する検出力の測定を可能にします．また，信号検出理論では，それ以前の閾値の測定では区別することのできなかった，刺激検出の感度と実験参加者の判断基準を，それぞれ独立した指標として得られるというメリットがあります．

15.1 等分散を仮定した信号検出理論のモデル

15.1.1 ノイズ分布と信号 + ノイズ分布

信号 (刺激) の有無を判断する試行において，実験参加者の反応結果は 4 パターンに分類することができ，表 15.1 のようなクロス集計表にまとめられます．1 行 1 列のセルは，信号がある試行に対して正しく Yes と反応できた回数であり，この結果をヒット (hit) と呼びます．一方で 2 行 1 列のセルは，信号がある試行に対し，No と反応してしまった回数であり，この結果をミス (miss) と呼びます．1

表 15.1 信号検出課題で得られる結果

反応 \ 信号有無	信号あり	信号なし
Yes	ヒット	誤警報
No	ミス	正棄却

行 2 列のセルは，信号のない試行に対して Yes と反応してしまった回数であり，この結果を**誤警報** (false alarm) と呼び，2 行 2 列のセルは，信号のない試行に対して正しく No と反応できた回数であり，この結果を**正棄却** (correct rejection) と呼びます．

ヒット，ミス，誤警報，正棄却それぞれの反応が得られる確率を考えるため，信号検出理論では，**ノイズ分布** (noise distribution, **N 分布**) と**信号 + ノイズ分布** (signal-plus-noise distribution, **SN 分布**) という 2 つの分布を仮定します．なお本章では，N 分布と SN 分布にそれぞれ正規分布を仮定し，それらの分散は等しいとする信号検出理論 (equal-variance Gaussian SDT (Lee, 2008)) について扱います．ノイズとは背景活動のことであり，信号検出理論では，信号はノイズの中から検出されると考えます．N 分布は，ノイズのみで信号が提示されていないときの反応確率の分布です．SN 分布は，ノイズに信号が加わった場合の反応確率の分布であり，信号が提示されたときの分布と見なすことができます．

図 15.1 に，N 分布と SN 分布の例を示しました．ここで，N 分布における心的感覚の平均を M_0，SN 分布における心的感覚の平均を M_1 と表します．ただし，ノイズに信号が加わっているぶんだけ，観察される心的感覚の平均は必ず SN 分

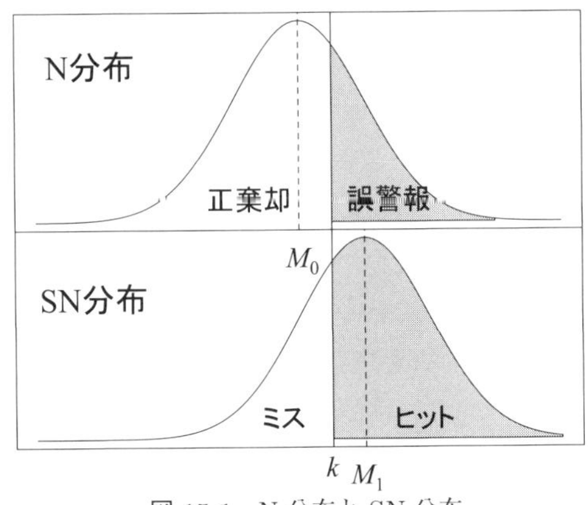

図 15.1 N 分布と SN 分布

布の方が大きくなるため，$M_0 < M_1$ です．M_0 と M_1 の差は，信号の強度に応じて変化します．信号の強度が大きく，ノイズと明確に区別できるほど M_0 と M_1 の差は大きくなります．2 つの分布の重なりが大きく，M_0 と M_1 の差が小さければ，信号の強度が小さいため判断を下すことが難しい状況を表しています．

また，信号検出理論では，実験参加者の心的感覚がある一定の値以上となったときに信号がある (Yes) と判断し，その値未満のときには信号がない (No) と判断すると考えます．実験参加者が Yes と反応するか No と反応するかのこの判断基準の位置を k とします．図 15.1 に示した通り，N 分布において，基準 k 未満の値をとる確率は正棄却の反応が得られる確率であり，k 以上の値をとる確率は誤警報の反応が得られる確率に相当します．一方，SN 分布において，k 未満の値をとる確率はミスの反応が得られる確率であり，k 以上の値をとる確率はヒットの反応が得られる確率となります．

15.1.2 信号検出力と反応バイアス

信号検出理論では，N 分布の平均 M_0 と SN 分布の平均 M_1 との距離を N 分布の標準偏差 s で割った値

$$d = \frac{M_1 - M_0}{s} \tag{15.1}$$

を信号検出力 (discriminability) として定義しています．ここで，N 分布に標準正規分布を仮定すると，$M_0 = 0$，$s = 1$ であり，$d = M_1$ となります．N 分布に対する SN 分布の位置は，刺激の強度と感覚系の特性に依存するため，d は実験参加者ごとに異なる判断基準の位置 k の影響を受けません (ゲシャイダー, 2002)．したがって，d は判断基準の位置とはまったく独立な，信号検出の感度を表す指標といえます．

さらに，判断基準の位置 k と $d/2$ との差

$$c = k - \frac{d}{2} \tag{15.2}$$

によって，反応バイアス (response bias) を評価します．図 15.2 からわかるように，$d/2$ は S 分布と SN 分布が交わる点に一致します．仮に $k = d/2$ であれば $c = 0$ であり，このとき，ヒットの確率と正棄却の確率が等しく，さらに誤警報とミスの確率も等しくなります．この意味で，$c = 0$ ならば，反応バイアスのない状態を表しています．図 15.2 の左右の図を比較すると，判断基準の位置 k が小

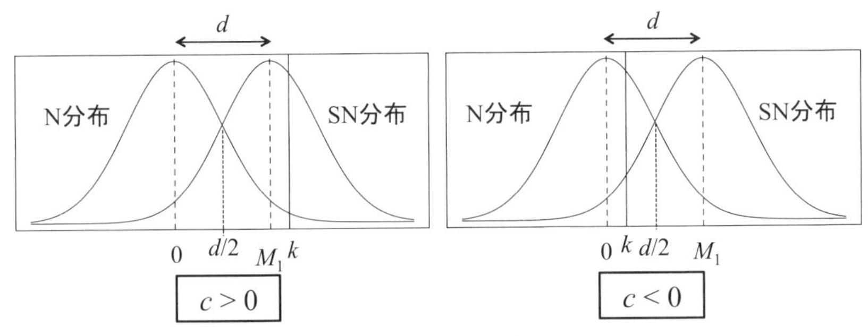

図 **15.2**　信号検出力と反応バイアス

さな値となるほど，Yes と反応する確率が高いことを意味し，ヒットの確率が高くなる一方で，誤警報の確率も同時に高くなることがわかります．左図のように $c > 0$ ならば，$d/2 < k$ の状態であり，No 反応が多い偏りがあると解釈することができます．これに対して，右図のように $c < 0$ ならば，$d/2 > k$ の状態であり，Yes 反応が多い偏りがあると解釈できます．

15.1.3　モ　デ　ル

ヒットの度数を h，誤警報の度数を f，ヒットとミスの度数の合計 (信号ありの試行数) を n_S，誤警報と正棄却の度数の合計 (信号なしの試行数) を n_N とします．SN 分布におけるヒットの確率を $\theta^{(h)}$ とすると，h は成功確率 $\theta^{(h)}$，試行回数 n_S の二項分布に従っていると見なすことができます．同様に，N 分布における誤警報の確率を $\theta^{(f)}$ とし，f は成功確率 $\theta^{(f)}$，試行回数 n_N の二項分布に従っていると仮定します．

ヒットの確率 $\theta^{(h)}$ と誤警報の確率 $\theta^{(f)}$ は，モデルの母数 d と c の関数として，標準正規分布の累積分布関数 $\Phi(\cdot)$ を用いてそれぞれ以下のように表されます．

$$\theta^{(h)} = \Phi\left(\frac{1}{2}d - c\right) = \Phi(d - k) \tag{15.3}$$

$$\theta^{(f)} = \Phi\left(-\frac{1}{2}d - c\right) = \Phi(-k) \tag{15.4}$$

また，Lee (2008) に従い，c と d の事前分布には以下のような正規分布を仮定します．

$$d \sim \text{Normal}(0, \sqrt{2}) \tag{15.5}$$

$$c \sim \text{Normal}(0, 1/\sqrt{2}) \tag{15.6}$$

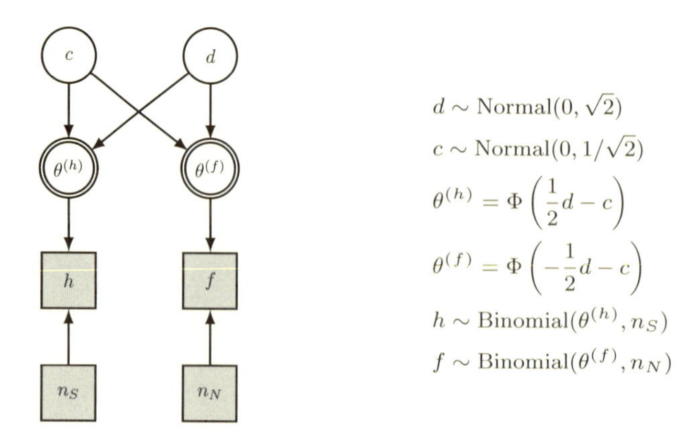

図 15.3　信号検出理論のプレート表現

以上をまとめた信号検出理論のプレート表現を図 15.3 に示しました.

15.1.4　階層モデルによって個人差を表現したモデル

図 15.3 のモデルは, 試行の結果をヒット, ミス, 誤警報, 正棄却それぞれに分類したクロス集計表が 1 つ得られた場合の最も基本的なモデルです. もし, 同じ実験を複数の実験参加者に対して行い, 実験参加者ごとにヒット, ミス, 誤警報, 正棄却の度数を算出できるような場合には, 信号検出力 d や反応バイアス c の個人間での違いを表現するモデルに拡張することが可能です.

図 15.3 のモデルでは, 信号検出力 d と反応バイアス c の事前分布としてそれぞれ (15.5) 式と (15.6) 式のような正規分布を仮定しました. これに対して個人差を表現するモデルでは, d と c の事前分布である正規分布の平均と標準偏差を, 以下のように超母数として推定します (Lee & Wagenmakers, 2013).

$$d_i \sim \text{Normal}(\mu_d, \sigma_d) \tag{15.7}$$

$$c_i \sim \text{Normal}(\mu_c, \sigma_c) \tag{15.8}$$

ただし, i は実験参加者を表す添え字であり, d_i と c_i はそれぞれ実験参加者 i の信号検出力と反応バイアスです. μ_d と μ_c の事前分布には平均 0, 標準偏差 $\sqrt{1000}$ の正規分布, σ_d と σ_c の事前分布には範囲 $[0, \infty]$ の一様分布を仮定します.

実験参加者 i のヒットの度数を h_i, 誤警報の度数を f_i とし, 信号ありの試行数と信号なしの試行数はそれぞれすべての実験参加者を通して同じであるとき, 母

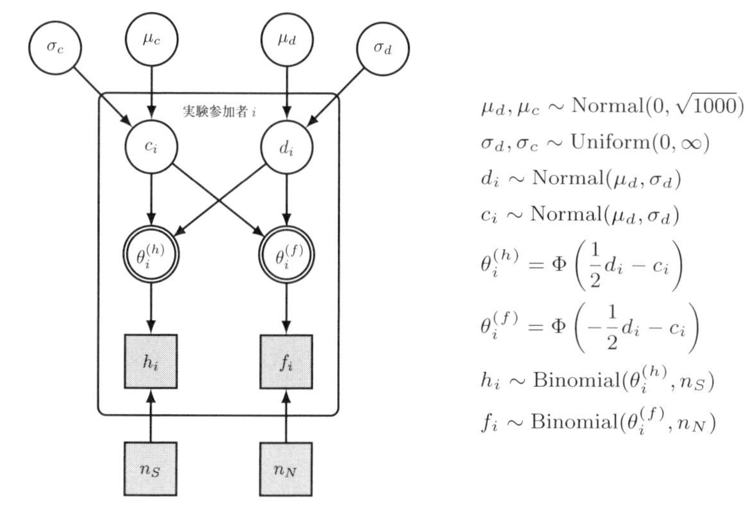

図 **15.4**　信号検出理論の階層モデルのプレート表現

数 d と c が個人間で異なると仮定した階層モデルのプレート表現は図 15.4 となります．このモデルでは，SN 分布におけるヒットの確率 $\theta_i^{(h)}$ および N 分布における誤警報の確率 $\theta_i^{(f)}$ もまた，個人ごとに推定されます．

15.2　分　析　例

信号検出理論の主要な適用場面の 1 つに，再認記憶の実験があります (ゲシャイダー, 2003)．次のような手続きで，単語の再認課題の実験を行いました．実験参加者は，本書の執筆者である池原・秋山・拝殿・磯部・長尾・杉山・吉上の 7 人です．

1) 学習段階：実験参加者はまず，合計 60 個の単語を呈示され，できるだけ多くの単語を記憶するよう教示されます．単語は，15 単語からなる 4 つのリストに分けて順番に呈示され，各リストの学習時間は 30 秒としました [*1]．

---

*1) 単語リストは，星野 (2002)，堀田 (2007)，宮地・山 (2002) の実験刺激を参考にして筆者が作成し，リストの呈示順序を実験参加者ごとにランダムに変更しました．

2) 再認課題：学習の直後に，実験参加者は 48 単語が 12×4 の配列で記載された用紙を渡され，学習段階で見たと思う単語すべてに丸を付けるよう教示されます．なお，再認課題において呈示された単語の半分は学習段階で呈示した中に含まれる単語 (Old)，残り半分は新規な単語 (New) です．ただし，この比率は実験参加者には知らされていません．

15.2.1 全体データの分析

上述のような単語再認課題を行った結果，7 人分の試行をすべて合わせると，表 15.2 のデータが得られました．再認課題で呈示された 48 単語のうち，学習段階で呈示された単語 (Old) と新規な単語 (New) はそれぞれ 24 単語であったので，7 人のデータ全体では $n_S = n_N = 168$ $(= 24 \times 7)$ となります．再認課題では，学習段階で呈示されていた単語 (Old) を見た (Yes) と答える反応がヒット，学習段階で呈示されていなかった単語 (New) を見た (Yes) と答える反応が誤警報となります．したがって，表 15.2 より，$h = 109$，$f = 15$ です．

表 15.2 単語再認課題の全体データ

	Old	New
Yes	109	15
No	59	153

表 15.3 全体データの推定結果

	EAP	post.sd	95% 下側	95% 上側
$\theta^{(h)}$	0.647	0.036	0.575	0.717
$\theta^{(f)}$	0.094	0.022	0.055	0.142
d	1.709	0.164	1.390	2.042
c	0.475	0.083	0.314	0.639

表 15.2 の全体データに対して，図 15.3 のモデルを適用した結果を表 15.3 に示しました *2)．SN 分布におけるヒットの確率は 0.647，N 分布における誤警報の確率は 0.094 と推定され，全体としての再認課題の成績はまずまずといえます．

d の EAP 推定値は 1.709 であることから，N 分布の平均 0 に対して，SN 分布の平均は標準得点にして 1.709 離れた位置にあることがわかりました．c の EAP 推定値は 0.475 と正の値であることから，判断基準の位置は $d/2$ より 0.475 だけ上側にあり，単語の Old・New にかかわらず No と答えやすい傾向にあると解釈

*2) 4 つのマルコフ連鎖それぞれにおいて，事後分布から 10000 回のサンプリングを行い，最初の 5000 回をウォームアップ期間として破棄し，合計 20000 個の母数の標本を用いて計算した結果を示しています．

できます．表 15.2 の生データを見ても実際に，ヒットと誤警報の反応に比較して，学習段階で呈示された刺激 (Old) に対して見ていない (No) と答えるミスや，学習段階で呈示されていない刺激 (New) を見ていない (No) と答える正棄却の反応が多くなっています．また，これらの結果から，SN 分布の平均 $M_1(=d)$ と判断基準の位置 k，N 分布と SN 分布の交点 $d/2$ の間には，$d/2 < k < M_1$ という関係性があることがわかります．

15.2.2　階層モデルの適用

表 15.2 のデータは 7 人分の全試行を合計した結果であり，実験参加者ごとに反応を分類してクロス集計表を作成することも可能です．例として，長尾と杉山のデータをそれぞれ表 15.4 と表 15.5 に示しました．このような実験参加者ごとのクロス集計表のデータを利用して，図 15.4 の階層モデルを適用した結果，得られた母数の EAP 推定値が表 15.6 です [*3]．

表 15.6 より，SN 分布におけるヒットの確率 $\theta^{(h)}$ が最も小さく推定されたのは長尾でした．この 7 人の中で長尾は，信号識別力 d の推定値は最も小さく，反応バイアス c の推定値は最も大きな正の値となっています．これらのことから，長尾は学習段階で呈示されていた単語とそうでない新規な単語との区別がつきにく

表 15.4　長尾のデータ

	Old	New
Yes	10	2
No	14	22

表 15.5　杉山のデータ

	Old	New
Yes	20	4
No	4	20

表 15.6　実験参加者別データの推定結果 (母数の EAP 推定値)

実験参加者	$\theta^{(h)}$	$\theta^{(f)}$	d	c
池原	0.645	0.100	1.695	0.469
秋山	0.558	0.064	1.734	0.717
拝殿	0.647	0.074	1.882	0.555
磯部	0.722	0.099	1.931	0.362
長尾	0.523	0.074	1.569	0.726
杉山	0.756	0.136	1.846	0.209
吉上	0.679	0.092	1.845	0.448

[*3] 1 つのマルコフ連鎖を用いて，事後分布から 20000 回のサンプリングを行い，最初の 5000 回をウォームアップ期間として破棄し，15000 個の母数の標本を用いて計算した結果を示しています．

い状態にあり，いかなる刺激に対しても見ていない (No) と判断する傾向が強いと解釈できます．一方で，$\theta^{(h)}$ が最も大きな値となったのは杉山です．杉山は，反応バイアス c の EAP 推定値が 0.209 と比較的 0 に近く，Yes か No いずれかの反応を示しやすいといった極端な偏りが見られないことが特徴的です．

文　献

Lee, M. D. (2008). BayesSDT: Software for Bayesian inference with signal detection theory. *Behavior Research Methods*, **40**(2), 450-456.

Lee, M. D. and Wagenmakers, E. J. (2013). *Bayesian Cognitive Modeling: A Practical Course.* Cambridge University Press, pp.156-167.

Macmillan, N. A. and Creelman, C. D. (2005). *Detection Theory: A User's Guide, 2nd ed.* Lawrence Erlbaum Associates.

ゲシャイダー, G. A. (著), 宮岡徹 (監訳), 倉片憲治・金子利佳・芝崎朱美 (訳) (2002). 心理物理学—方法・理論・応用— (上巻). 北大路書房.

ゲシャイダー, G. A. (著), 宮岡徹 (監訳), 倉片憲治・金子利佳・芝崎朱美 (訳) (2003). 心理物理学—方法・理論・応用— (下巻). 北大路書房.

竹内啓 (1989). 統計学辞典. p.804, 東洋経済新聞社.

星野祐司 (2002). 関連語の学習による誤再生とリスト構成：ブロック呈示条件とランダム呈示条件の比較. 基礎心理学研究, **20**(2), 105-114.

堀田千絵 (2007). 虚再認における指示忘却の効果：活性化—モニタリング仮説の検討. 心理学研究, **78**(1), 57-62.

宮地弥生・山祐嗣 (2002). 高い確率で虚記憶を生成する DRM パラダイムのための日本語リストの作成. 基礎心理学研究, **21**(1), 21-26.

16 BARTモデル

■ ■ ■

交通事故や病気，投資や賭博など私たちの周りには様々なリスクが存在しています．多少の差こそあれ，私たちはリスクを伴う行動をとることがあります．例えば，信号無視や駆け込み乗車をしたり，パチンコや競馬などの賭け事をしたりする人がいます．また，バンジージャンプやロッククライミングなどの冒険的な行動に挑戦する人もいます．このように，リスクの認知の有無とは無関係にリスクを敢行する行動のことを，リスクテイキングといいます (森泉ら, 2010)．これまでリスクテイキング行動傾向を測定するために質問紙を利用した尺度作成の研究が，寺崎ら (1987) や小塩 (2001)，森泉ら (2010) によって行われてきました．

リスクテイキング行動の個人差を，行動パフォーマンスの観点から検討するための手法の 1 つとして，BART (Balloon Analogue Risk Task (Lejuez et al., 2002)) があります．BART では，図 16.1 に示したように PC の画面上で風船を膨らませるという課題を実験参加者に行ってもらいます．各試行において，実験参加者は，風船を膨らませるか，風船の大きさに応じた金額やポイントを獲得するかのどちらかを選択することができます．風船は，膨らませれば膨らませるほど得られる金額やポイントは増えていきますが，ある一定の大きさを超えると風船は破裂します．風船が破裂した場合には，その試行で得られる金額やポイントはゼロになります．その点に気をつけてもらいながら，なるべく多くの金額やポイントを獲得できるよう教示し，実験を行います．

BART のオリジナル論文では，破裂する確率が各試行で上昇することを仮定した上で分析を行っていますが，ここでは，Ravenzwaaij et al. (2011) を参考に，破裂する確率が一定であるという仮定のもとで実験および分析を行います．BART によって得られたデータの一般的な分析では，実験参加者のリスク傾向を破裂しなかった風船における膨らませ回数の平均によって測定しますが，本章では，確率モデルを利用した手法について説明を行います．

モデル説明の前に，BART 実験を行った際に得られるデータ例を表 16.1 に示

図 **16.1**　Balloon Analogue Risk Task (BART)

表 **16.1**　BART モデルで得られるデータ

		回数							
		1	2	3	4	5	6	…	16
	1	0	0	0	1	−	−	…	−
	2	0	0	0	0	0	−	…	−
試	3	0	0	0	0	0	0	…	−
行	4	0	0	0	0	0	1	…	−
	⋮				⋮				
	30	0	0	0	0	1	−	…	−

します．表 16.1 は，1 人の実験参加者が 30 試行の実験に参加して得られたデータです．各行が各試行に対応し，0 が風船を膨らませたことを，1 が金額やポイントを獲得したことを表します．データの 1 試行目 (1 行目) において，0 が 3 つ続いた後に 1 があるので，3 回膨らませた後に，金額やポイントを獲得したことになります．一方，2 試行目 (2 行目) は，0 が 5 つ続いており 1 が出てきません．これは，4 回膨らませた後に，5 回目も膨らませようとしたことで，破裂したことを表します．この際には獲得金額やポイントはゼロであることを意味します．本章で説明する BART モデルでは，j 回目の試行における k 回目の判断 d_{jk}

$$d_{jk} = \begin{cases} 0 & \text{風船を膨らませる} \\ 1 & \text{ポイントを獲得する} \end{cases} \tag{16.1}$$

を，ベルヌイ分布を利用してモデル化します．

16.1　2 つの母数による BART モデル

Lejuez et al. (2002) を拡張して，Wallsten et al. (2005) は認知過程を考慮した BART モデルを提案しました．Wallsten et al. (2005) では 10 個のモデルが紹介されていますが，ここでは，Ravenzwaaij et al. (2011) で利用された 2 つの母数によるより簡単なモデルに焦点を当てて説明を行います．2 つの母数とは，リスクテイキング傾向を表す γ ($\gamma > 0$) と，行動の一貫性を表す β ($\beta > 0$) です．また，風船を膨らませていった際に破裂する確率を p とし，各試行で一定とします [*1]．なお，実験参加者には破裂する確率自体は伝えませんが，一定であることは説明しておきます．

ここで，実験参加者が最適だと思う膨らませる回数 (パンプ回数) ω は，破裂確率 p とリスクテイキングの傾向を表す母数 γ によって決定されると仮定し，

$$\omega = -\gamma / \log(1-p) \tag{16.2}$$

のように定式化します．図 16.2 は，γ と p を変動させたときに ω がどのような値をとるかを表したグラフです．γ の値が大きくなるにつれ，また，p の値が小さくなるにつれて，最適だと思うパンプ回数 ω は大きくなり，リスクをより追求

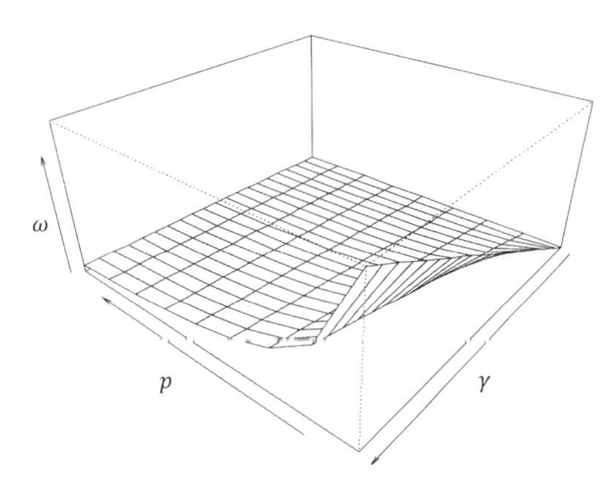

図 16.2　γ と p の変化させたときの ω の値

---

*1) 破裂確率を試行ごとに変化させる実験を行うこともできますが，本章では，実験上でも，分析においても破裂確率を一定にしています．

することがわかります．なお，パンプ回数の上限は実験参加者には伝えません．

続いて，j 回目の試行における k 回目の判断 (膨らませるか，ポイント獲得するか) は，実験参加者が風船を膨らませる確率 θ_{jk} によって決まると考えます．j 回目の試行における k 回目の判断の確率 θ_{jk} は，最適なパンプ回数 ω と実験参加者の行動の一貫性 β を用いてロジスティック関数により定式化を行います．

$$\theta_{jk} = \frac{1}{1 + \exp\{\beta(k - \omega)\}} \tag{16.3}$$

β は最適なパンプ回数 ω 付近における膨らませるかどうかの決定の一貫性を表す母数です．$\beta = 0$ のときに，どの回においても $\theta_{jk} = 0.5$ となり，回を重ねても膨らませるかどうかは常に五分五分で判断することになります．β の値が大きくなると，最適なパンプ回数 ω 付近において，膨らませるかどうかの判断確率が急激に変化します．

リスクテイキング傾向を表す γ，行動の一貫性を表す β，風船が破裂する確率 p を変化させた際に，実験参加者が風船を膨らませる確率 θ_{jk} がどのように変化するかを図 16.3 に示します．各図の横軸はパンプ回数，縦軸は確率 θ_{jk} です．上段左は $\gamma = 1.0$, $\beta = 2.0$, $p = 0.15$ のときの θ_{jk} と $1 - \theta_{jk}$ を表し，上段右は $\beta = 2.0$, $p = 0.15$ と固定したときの $\gamma = (0.5, 1.0, 1.5)$ の違いを表します．下段左は $\gamma = 1.0$, $p = 0.15$ と固定したときの $\beta = (0.5, 1.0, 2.0)$ の違いを，下段右は $\gamma = 1.0$, $\beta = 1.0$ と固定したときの $p = (0.2, 0.5, 0.8)$ の違いを表します．

そして，実際に観察される j 回目の試行における k 回目の決定 d_{jk} ($d_{jk} = 0$：風船を膨らませる，$d_{jk} = 1$：ポイントを獲得する) は，実験参加者が膨らませる確率を θ_{jk}，ポイントを獲得する確率を $\theta^*_{jk} = 1 - \theta_{jk}$ とすると，ベルヌイ分布を利用して以下のようにモデル化されます．

$$d_{jk} \sim \text{Bernoulli}(\theta^*_{jk}) \tag{16.4}$$

2 つの母数の事前分布には 0 より大きな値をとる区間で一様分布を仮定します．BART モデルをプレート図で表現すると図 16.4 のようになります．

16.2 分　析　例

BART 実験を行って，得られたデータにモデルを適用します．はじめに 1 人の実験参加者から得られたデータに対して上述のモデルを適用した結果を示し，続

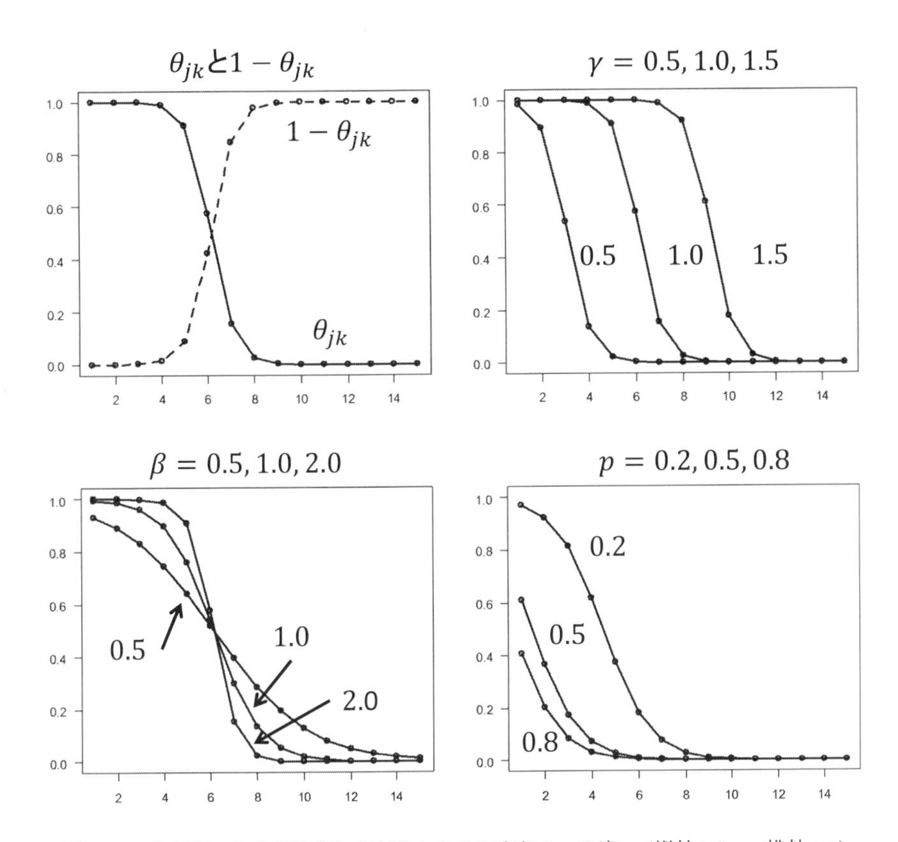

図 16.3　各母数による実験参加者が膨らませる確率 θ_{jk} の違い (縦軸：θ_{jk}，横軸：k)

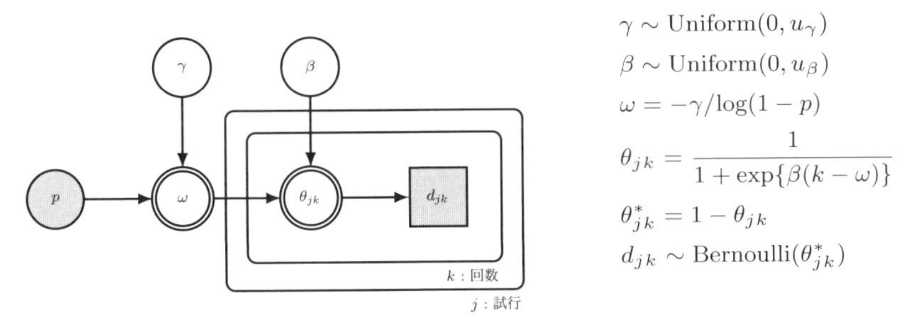

$$
\begin{aligned}
\gamma &\sim \text{Uniform}(0, u_\gamma) \\
\beta &\sim \text{Uniform}(0, u_\beta) \\
\omega &= -\gamma/\log(1-p) \\
\theta_{jk} &= \frac{1}{1+\exp\{\beta(k-\omega)\}} \\
\theta^*_{jk} &= 1-\theta_{jk} \\
d_{jk} &\sim \text{Bernoulli}(\theta^*_{jk})
\end{aligned}
$$

図 16.4　BART モデルのプレート表現

いて，複数の実験参加者から得られたデータに対して階層モデルを利用して分析した結果を示します．本実験は，本書の執筆者である 7 人 (1：杉山，2：磯部，3：久保，4：秋山，5：拝殿，6：長尾，7：吉上) からデータを収集し，破裂確率を $p = 0.15$ と設定して 30 試行の実験を行いました．なお，最大のパンプ回数は 16 回です．以下の 2 つの分析では，4 つの連鎖を構成し，各連鎖で 5000 回サンプリングを行って，2500 個をウォームアップとして破棄しました．事後統計量は各連鎖のウォームアップ期間後のサンプル 10000 個を利用しました．

16.2.1　個人データの分析

個人データの分析例として，杉山のデータを利用します．上述の BART モデルを適用した結果を表 16.2 に示します．図 16.5 左にはパンプ回数のヒストグラムを，図 16.5 右には，推定された母数の事後平均を利用して描いた風船を膨らませる確率 θ_{jk} を示します．図 16.5 右を見ると，12 回目まではほとんど確率は変わりませんが，それ以降減少していることがわかります．最大のパンプ回数が 16 回なので，比較的リスクテイキング傾向の高い実験参加者であると考えられます．

表 16.2　母数の推定結果

	EAP	post.sd	2.5%	50%	97.5%
γ_1	2.553	0.076	2.429	2.544	2.728
β_1	1.231	0.256	0.778	1.215	1.776

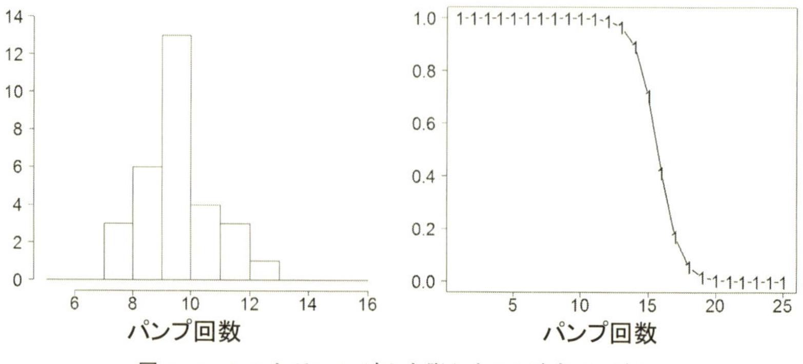

図 16.5　ヒストグラム (左) と膨らませる確率 θ_{jk}(右)

16.2.2 階層モデルの適用

続いて，7人の実験参加者から得られたデータに対してBARTモデルを適用します．ここでは階層モデルを利用して，個人ごとにリスクテイキング傾向 γ_i と行動一貫性 β_i を推定します．γ_i と β_i の事前分布にはそれぞれ正規分布を仮定して，分析を行います．階層BARTモデルをプレート図で表現すると図16.6のようになります．7人の推定結果を表16.3に，推定された母数を利用して描いた各実験参加者の θ_{jk} を図16.7に示します．

表16.3の γ_i の推定値より，最もリスクテイキング傾向の高い実験参加者は秋山であり，最も低い実験参加者は吉上であることがわかります．図16.7においても，吉上の曲線(7)が一番左にあり，10回を超えた辺りから風船を膨らませる確率が減少していることがわかります．一方，秋山の曲線(4)は一番右にあり，他

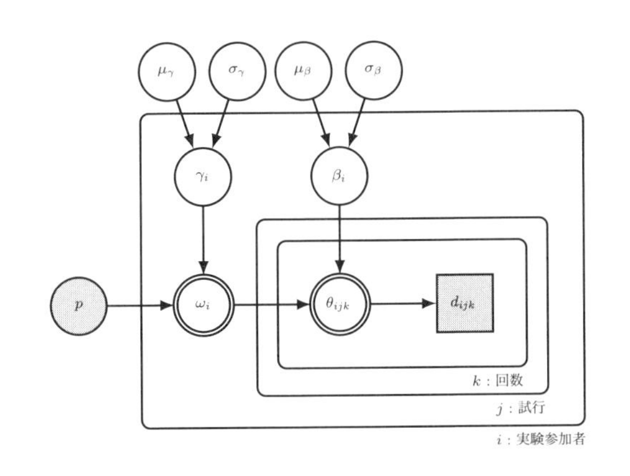

$$\mu_\gamma \sim \text{Uniform}(0, 10)$$
$$\sigma_\gamma \sim \text{Uniform}(0, 10)$$
$$\mu_\beta \sim \text{Uniform}(0, 10)$$
$$\sigma_\beta \sim \text{Uniform}(0, 10)$$
$$\gamma_i \sim \text{Normal}(\mu_\gamma, \sigma_\gamma)$$
$$\beta_i \sim \text{Normal}(\mu_\beta, \sigma_\beta)$$
$$\omega_i = -\gamma_i / \log(1-p)$$
$$\theta_{ijk} = \frac{1}{1+\exp\{\beta_i(k-\omega_i)\}}$$
$$\theta^*_{ijk} = 1 - \theta_{ijk}$$
$$d_{ijk} \sim \text{Bernoulli}(\theta^*_{ijk})$$

図16.6　階層BARTモデルのプレート表現

表16.3　母数の推定結果

	EAP	post.sd	2.5%	97.5%		EAP	post.sd	2.5%	97.5%
γ_1	2.572	0.071	2.436	2.717	β_1	1.086	0.151	0.845	1.439
γ_2	2.493	0.072	2.364	2.648	β_2	1.025	0.132	0.771	1.300
γ_3	2.582	0.073	2.451	2.738	β_3	0.998	0.126	0.745	1.260
γ_4	3.531	0.137	3.305	3.830	β_4	1.080	0.175	0.793	1.505
γ_5	2.312	0.063	2.200	2.455	β_5	1.092	0.149	0.855	1.442
γ_6	2.188	0.089	2.037	2.398	β_6	0.916	0.137	0.626	1.169
γ_7	2.126	0.061	2.012	2.254	β_7	1.080	0.140	0.844	1.395

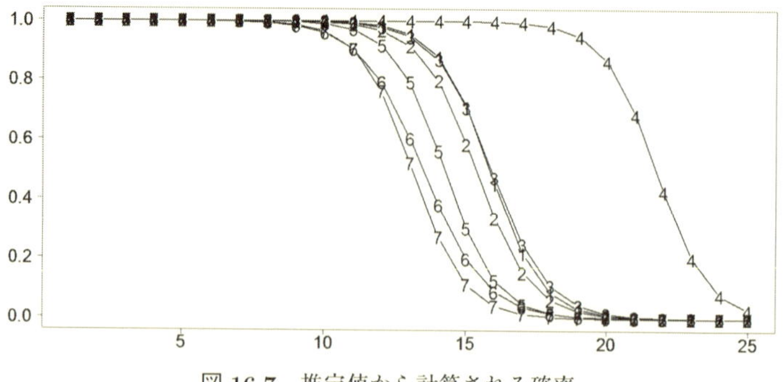

図 **16.7** 推定値から計算される確率

の実験参加者と大きく離れています．最大回数の 16 回を超えても確率が減少していないことから，この実験においてはほとんどの試行において風船が破裂しており，リスクを冒してでもポイントを獲得しようとする傾向があると考えられます．

文献

Lejuez, C. W., Read, J. P., Kahler, C. W., Richards, J. B., Ramsey, S. E. and Stuart, G. L. (2002). Modeling behavior in a clinically diagnostic sequential risk-taking task. *Psychological Review*, **112**, 863-889.

van Ravenzwaaij, D., Dutilh, G. and Wagenmakers, E. J. (2011). Cognitive model decomposition of the BART: Assessment and application. *Journal of Mathematical Psychology*, **55**, 94-105.

Wallsten, T. S., Pleskac, T. and Lejuez, C. W. (2005). Modeling behavior in a clinically diagnostic sequential risk-taking task. *Psychological Review*, **112**, 863-889.

小塩真司 (2001). 大学生用リスクテイキング行動尺度 (RTBS=U) の作成. 名古屋大学大学院教育発達科学研究科紀要心理発達科学, **48**, 257-265.

寺崎正治・塩見邦雄・岸本陽一・平岡清志 (1987) 日本語版 Sensation-Seeking Scale の作成 心理学研究 **58**, 42-48.

森泉慎吾・臼井伸之介・中井宏 (2010). リスクテイキング行動尺度作成の試み—信頼性・妥当性の検討—. 労働科学, **86**, 127-138.

17　アイオワ・ギャンブリング課題

■ ■ ■

競馬やパチンコなどのギャンブルにおいて，多くの人々は利益の最大化を目的としています．これを実現するために，過去の経験を鑑み，新たな可能性を探索して最もよい選好を行うことに努めます．ある程度経験を積むことで，利益の最大化に対する方略が決定し，探索行動は少なくなることが考えられます．このような，意思決定のプロセスを評価する心理実験にアイオワ・ギャンブリング課題 (Iowa Gambling Tasks (Bechara et al., 1994)) があります．

17.1　IGT　と　は

IGT では，図 17.1 で示したような 4 つのカードのデッキ (A，B，C，D) が用意されます．実験参加者は 4 つのデッキから 1 つを選んで，カードを 1 枚引く試行を繰り返し行います．カードの裏には報酬額と損失額が記載されており，デッキによって，それらの額と出現頻度は違います．表 17.1 に示したように，A と B のデッキでは，毎回 100 ドルの報酬が得られますが，C と D のデッキでは毎

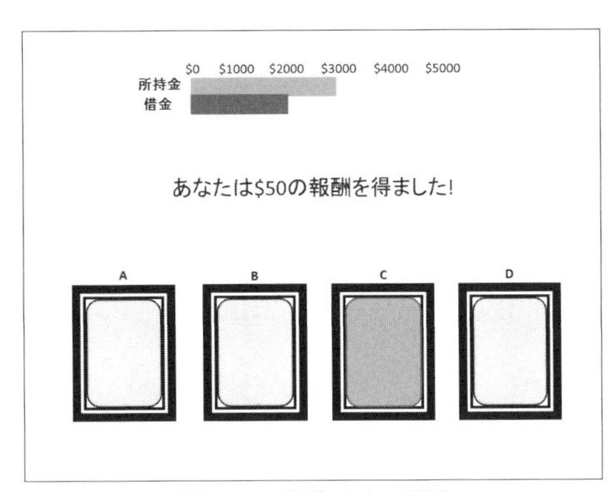

図 17.1　実験イメージ図

表 17.1 デッキの性質

	A	B	C	D
試行 1 回あたりの報酬額 (単位：ドル)	100	100	50	50
試行 10 回あたりの損失回数	5	1	5	1
試行 10 回あたりの損失額 (単位：ドル)	1250	1250	250	250
試行 10 回あたりの純利益 (単位：ドル)	−250	−250	250	250

回 50 ドルの報酬しか得られません．しかし，A と B のデッキの平均的な損失は C と D のデッキよりも大きく，A のデッキでは 10 回の試行につき，150，200，250，300，350 ドルの損失を 1 回ずつ計 1250 ドルの損失を被り，B のデッキでは 10 回の試行につき 1 回の損失ですが 1250 ドルの損失を被ります．C と D のデッキから得られる報酬は控えめですが，C のデッキでは 10 回の試行につき 25，50，75 ドルの損失をそれぞれ 1，3，1 回ずつ計 250 ドルの損失ですみ，D のデッキでは 10 回の試行につき 1 回の損失で 250 ドルの損失ですみます．

参加者は試行を繰り返して，純利益を最大化するよう教示されます．前述の各デッキの性質より，試行 10 回につき，A と B のデッキから得られる純利益は −250 ドルであり，C と D のデッキから得られる純利益は 250 ドルです．したがって，参加者にとっては，A と B のデッキを避け，C と D のデッキを選ぶことが望まれる方略となります．試行を繰り返し，デッキの性質を探索しながら，過去の経験を鑑みることでこの方略は獲得されます．しかしながら，健常群と比較して，アスペルガー症候群やコカイン中毒者といった臨床群ではこの方略を獲得する能力が低いことが指摘されており，IGT は様々な臨床群における意思決定能力の欠如の度合いを評価するために用いられます (Wetzels et al., 2010).

17.2 期待数価モデル

ここでは，IGT における意思決定を評価するモデルとして**期待数価モデル** (expectancy valence model, EV model) を紹介します．期待数価モデルは過去の試行に対する強化学習のプロセスを表現したモデルであり，Busemeyer and Stout (2002) を端緒に発展を遂げました．

期待数価モデルでは，3 つの心理学的なステップを通してデッキの選択が行われると仮定します．まず，実験参加者は試行 t で得られた得失の数価 $v^{(t)}$ を評価します．$v^{(t)}$ は試行 t において経験した報酬 $W^{(t)}$ と損失 $L^{(t)}$ の重み付き関数として以下のように表現されます.

$$v^{(t)} = (1-w) \times W^{(t)} + w \times L^{(t)} \tag{17.1}$$

ここで, w は 0 から 1 の値をとる母数であり, 損失 $L^{(t)}$ に対する注意の度合いを表します. w の値が高い参加者は報酬と比較して損失を重くみる傾向にあり, w の値が低い参加者は損失を軽視する傾向にあると解釈できます.

次に, 参加者は得られた得失の数価 $v^{(t)}$ から, 次の試行 $t+1$ でデッキ k $(= 1(\mathrm{A}), 2(\mathrm{B}), 3(\mathrm{C}), 4(\mathrm{D}))$ から得られる期待数価 $E_{v_k}^{(t+1)}$ を以下のように評価します.

$$E_{v_k}^{(t+1)} = \begin{cases} (1-a) \times E_{v_k}^{(t)} + a \times v^{(t)} & \text{試行 } t \text{ でデッキ } k \text{ が選ばれた場合} \\ E_{v_k}^{(t)} & \text{それ以外の場合} \end{cases} \tag{17.2}$$

母数 a は 0 から 1 の値をとり, 1 つ前の試行で得られた数価に対する注意の度合いを表します. (17.2) 式は試行 t でデッキ k が選択された場合のみ, $v^{(t)}$ によって期待数価を更新することを意味しており, a は更新比率とも呼ばれます. a の値が高い参加者は 1 つ前の試行で得られた数価にとらわれる傾向があり, それまでに得られた経験の蓄積を軽視する傾向があると解釈できます.

最後のステップとして, 試行 t におけるデッキ k の選択を確率変数 $Y^{(t)}$ とおき, その選択確率 $p_k^{(t)}$ を以下の softmax 関数 [*1] で表現します.

$$p_k^{(t)} = p(Y^{(t)} = k) = \frac{\exp(\theta^{(t)} \times E_{v_k}^{(t)})}{\sum_{j=1}^{4} \exp(\theta^{(t)} \times E_{v_j}^{(t)})} \tag{17.3}$$

ここで, $\theta^{(t)}$ は試行 t の選択における期待数価を重視する度合いを表しており, 0 に近づくほどデッキの選択はランダムになります. さらに, $\theta^{(t)}$ には以下の変換を採用します.

$$\theta^{(t)} = (t/10)^c \tag{17.4}$$

母数 c は $-\infty$ から ∞ の値をとり, 参加者の選択に対する一貫性を表します. c が正の値であるとき, 試行を重ねるごとに期待数価を重視する度合い $\theta^{(t)}$ は増加し, 負の値であるとき $\theta^{(t)}$ は 0 に近づきます. 合理的な参加者は $c > 0$ をとり,

---

[*1] シグモイド関数を多変量に拡張した softmax 関数は, 複数カテゴリの選択確率の和が 1 となるように各カテゴリの確率変動を表現します.

初期の試行において探索行動が多く，試行を重ねるごとに期待数価を重視した選択を行います．

実際に観察される試行 t におけるデッキの選択 $y^{(t)}$ はカテゴリカル分布を用いて，以下のようにモデル化されます．

$$y^{(t)} \sim \text{Categorical}(\boldsymbol{p}^{(t)}) \tag{17.5}$$

ここで，$\boldsymbol{p}^{(t)} = \{p_1^{(t)}, p_2^{(t)}, p_3^{(t)}, p_4^{(t)}\}$ であり，(17.3) 式で示した，試行 t においてデッキ k を選択する確率 $p_k^{(t)}$ をひとまとめにした確率ベクトルです．

17.3 分 析 例

IGT の実験を行って，得られたデータの分析を行います．まず，1 人の実験参加者から得られたデータに対して前述の期待数価モデルを適用した結果を示し，続いて，複数の参加者から得られたデータに対して階層モデルを利用した分析結果を示します．実験では，本書の執筆者である 7 人 (1：吉上，2：杉山，3：磯部，4：拝殿，5：池原，6：久保，7：秋山) がそれぞれ 150 回の試行を行いました．

17.3.1 個人データの分析

IGT における単一参加者の期待数価モデルのプレート表現を図 17.2 に示します．前述の期待数価モデルについて，母数 w と a の事前分布には区間 $(0, 1)$ の一様分布，c の事前分布には Wetzels et al. (2010) より，区間 $(-5, 5)$ の一様分布を仮定し，ベイズ推定を行います．

単一参加者の例として，表 17.2 に示した拝殿のデータを分析しました．母数の事後分布の数値要約を表 17.3 に示します [*2)]．表 17.3 より，損失に対する注意の度合い w の EAP 推定値は 0.321 です．ここから，拝殿はやや損失に対して寛容な傾向があるといえます．また，更新比率 $a = 0.008$ と低い値であることから，蓄積された過去の経験を鑑みた意思決定を行っていると判断できます． 選択に対する一貫性 $c = -0.291$ は負の値となり，試行を重ねるごとに期待数価を重視した選択を行う傾向はさほど見られないと解釈できます．

---

*2) 4 つのマルコフ連鎖それぞれにおいて，事後分布から 10000 回のサンプリングを行い，最初の 5000 回をウォームアップ期間として破棄し，合計 20000 個の母数の標本を用いて計算した結果を示しています．

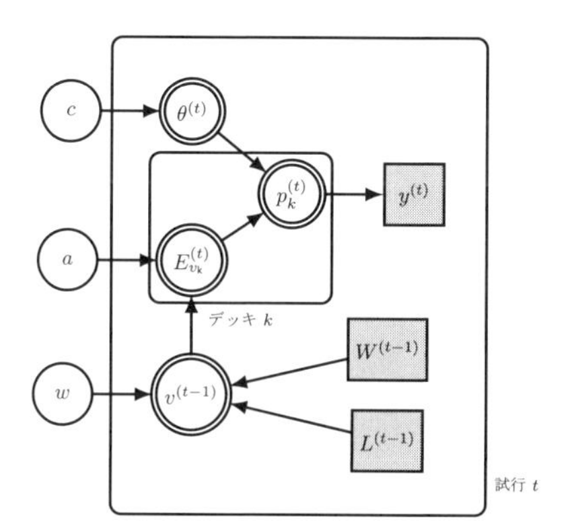

$$y^{(t)} \sim \mathrm{Categorical}\big(\boldsymbol{p}^{(t)}\big) \qquad p_k^{(t)} = \frac{\exp\big(\theta^{(t)} \times E_{v_k}^{(t)}\big)}{\sum_{j=1}^{4} \exp\big(\theta^{(t)} \times E_{v_j}^{(t)}\big)}$$

$$E_{v_k}^{(t)} = \begin{cases} \text{試行 } t-1 \text{ でデッキ } k \text{ が選ばれた場合} \\ (1-a) \times E_{v_k}^{(t-1)} + a \times v^{(t-1)} \\ \text{それ以外の場合} \\ E_{v_k}^{(t-1)} \end{cases} \qquad \theta^{(t)} = (t/10)^c$$

$$v^{(t-1)} = (1-w) \times W^{(t-1)} + w \times L^{(t-1)} \qquad w \sim \mathrm{Uniform}(0,1)$$

$$a \sim \mathrm{Uniform}(0,1) \qquad c \sim \mathrm{Uniform}(-5,5)$$

図 **17.2**　単一参加者モデルのプレート表現

表 **17.2**　単一参加者のデータ (拝殿)

試行	1	2	3	4	5	···	146	147	148	149	150
選択デッキ	A	B	C	D	A	···	D	D	D	D	D
報酬 (ドル)	100	100	50	50	100	···	50	50	50	50	50
損失 (ドル)	0	0	0	0	0	···	0	0	0	0	0

表 **17.3**　母数の事後分布の数値要約 (拝殿)

	EAP	post.sd	2.5%	25%	50%	75%	97.5%
w	0.321	0.014	0.294	0.312	0.321	0.330	0.349
a	0.008	0.003	0.003	0.006	0.008	0.010	0.014
c	−0.291	0.152	−0.541	−0.396	−0.308	−0.205	0.053

デッキの選択確率 $p_k^{(t)}$ の EAP 推定値の推移を図 17.3 に示しました．初期の試行においてデッキ B の選択確率が高くなっているのが見てとれます．そこか

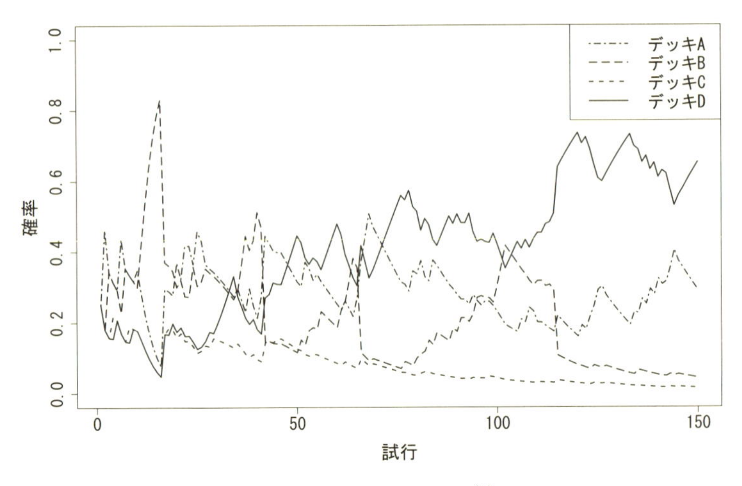

図 17.3 デッキの選択確率 $p_k^{(t)}$ の推移

ら，徐々にデッキ D を選択する確率が高くなり，最終的には 65% の確率でデッキ D を選択することがわかります．それでも，デッキ A を選択する確率も最終的に 29% であり，デッキの選択に一貫性が見られないことは，前述の結果と一致します．

17.3.2 階層モデルの適用

複数参加者のプレート表現を図 17.4 に示します．複数参加者の分析には階層ベイズモデルが適用されます．階層ベイズモデルでは，実験参加者を表す添え字 i を用いて，w_i，a_i，c_i と表現し，各母数がさらに，それぞれ母数が未知である事前分布から発生するようなモデルを考えます．このとき，事前分布がもつ未知の母数を超母数 (hyperparameter) と呼びます．

心理学的な特性値である w_i，a_i，c_i は参加者間で正規分布していると仮定します．しかし，これらの特性値の定義域は異なっているため，まず，未知の平均ベクトルと共分散行列をもつ 3 変量正規分布から $\boldsymbol{\delta}$ を発生させます．w_i と a_i に関してはそれぞれ，$\boldsymbol{\delta}$ の要素である δ_1，δ_2 を正規累積変換し，c_i は δ_3 の値をそのまま用いることで前述の母数の定義域を踏襲します．また，超母数である 3 変量正規分布の平均ベクトル $\boldsymbol{\mu}$ と共分散行列 $\boldsymbol{\Sigma}$ にはそれぞれ正規分布と逆ウィシャート分布を事前分布として仮定します．さらに，3 変量正規分布の共分散行列 $\boldsymbol{\Sigma}$ から w_i，a_i，c_i に関する相関行列 $\boldsymbol{R}$ を生成し，それら母数の相関関係を検証します．

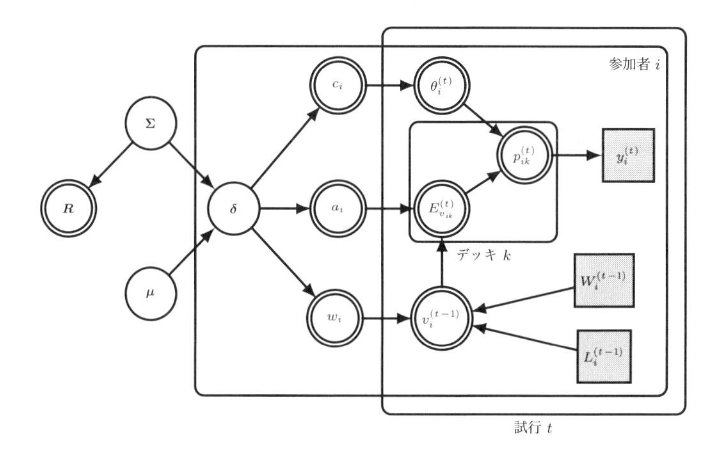

$$y_i^{(t)} \sim \text{Categorical}(\boldsymbol{p}_i^{(t)}) \qquad p_{ik}^{(t)} = \frac{\exp(\theta_i^{(t)} \times E_{v_{ik}}^{(t)})}{\sum_{k=1}^{4} \exp(\theta_i^{(t)} \times E_{v_{ik}}^{(t)})}$$

$$E_{v_{ik}}^{(t)} = \begin{cases} \text{試行 } t-1 \text{ でデッキ } k \text{ が選ばれた場合} \\ (1-a_i) \times E_{v_{ik}}^{(t-1)} + a_i \times v_i^{(t-1)} \\ \text{それ以外の場合} \\ E_{v_{ik}}^{(t-1)} \end{cases} \qquad \theta_i^{(t)} = (t/10)^{c_i}$$

$$v_i^{(t-1)} = (1-w_i) \times W^{(t-1)} + w_i \times L^{(t-1)} \qquad w_i = \Phi(\delta_1|\mu_1, \sigma_1)$$

$$a_i = \Phi(\delta_2|\mu_2, \sigma_2) \qquad c_i = \delta_3$$

$$\boldsymbol{\delta} \sim \text{Multinormal}(\boldsymbol{\mu}, \boldsymbol{\Sigma}) \qquad \mu_1, \mu_2, \mu_3 \sim \text{Normal}(0, 1)$$

$$\boldsymbol{\Sigma} \sim \text{Wishart}^{-1}(3, \boldsymbol{I}_3) \qquad \boldsymbol{R} = \text{diag}(\boldsymbol{\Sigma})^{-1/2} \times \boldsymbol{\Sigma} \times \text{diag}(\boldsymbol{\Sigma})^{-1/2}$$

図 **17.4**　階層ベイズモデルのプレート表現

表 **17.4**　母数の事後分布の数値要約

	EAP	post.sd		EAP	post.sd		EAP	post.sd
$w_{吉}$	0.554	0.044	$a_{吉}$	0.009	0.003	$c_{吉}$	0.532	0.420
$w_{杉}$	0.324	0.042	$a_{杉}$	0.006	0.002	$c_{杉}$	−0.340	0.145
$w_{磯}$	0.448	0.038	$a_{磯}$	0.008	0.002	$c_{磯}$	0.010	0.157
$w_{拝}$	0.320	0.014	$a_{拝}$	0.008	0.003	$c_{拝}$	−0.281	0.152
$w_{池}$	0.394	0.062	$a_{池}$	0.002	0.001	$c_{池}$	−0.010	0.278
$w_{久}$	0.280	0.034	$a_{久}$	0.007	0.002	$c_{久}$	−0.300	0.128
$w_{秋}$	0.144	0.126	$a_{秋}$	0.001	0.001	$c_{秋}$	−0.752	0.364

7 人の実験参加者から得られたデータに対して階層ベイズモデルによる分析を行いました．母数の事後分布の数値要約を表 17.4，相関行列の推定値を表 17.5 に

表 17.5 相関行列 $\boldsymbol{R}$ の EAP 推定値

	w	a	c
w	1.000	0.186	0.488
a	0.186	1.000	0.099
c	0.488	0.099	1.000

示します [*3]．表 17.4 の w の EAP 推定値より，損失に対して最も敏感である参加者は吉上であり，最も挑戦的である参加者は秋山であることがわかります．更新比率 a に関しては，どの参加者も 0.01 以下であることから，過去の経験を反映した方略を獲得していたといえます (さすがは統計学を勉強している執筆者といったところでしょうか)．選択に対する一貫性 c については，吉上が最も高く，秋山が最も低い結果となりました．表 17.5 より，母数 w と c の相関は 0.488 と中程度の正の相関があり，吉上と秋山の対称性を裏付ける結果となりました．すなわち，損失に対する注意の度合いが高い参加者はデッキの選択において高い一貫性を示し，損失に対する注意の度合いが低い参加者はデッキの選択において低い一貫性を示す傾向があるといえます．

文　　献

Bechara, A., Damasio, A. R., Damasio H. and Anderson, S (1994). Insensitivity to future consequences following damage to human prefrontal cortex. *Cognition*, **50**, 7-15.

Busemeyer, J. R. and Stout, J. C. (2002). A contribution of cognitive decision models to clinical assessment: Decomposing performance on the Bechara gambling task. *Psychological Assessment*, **14**, 253-262.

Wetzels, R., Vandekerckhove, J., Tuerlinckx, F. and Wagenmakers, E. J. (2010). Bayesian parameter estimation in the Expectancy Valance model of the Iowa gambling task. *Journal of Mathmatical Psychology*, **54**(1), 14-27.

[*3] 1 つのマルコフ連鎖を用いて，事後分布から 10000 回のサンプリングを行い，最初の 5000 回をウォームアップ期間として破棄し，5000 個の母数の標本を用いて計算した結果を示しています．

第 4 部

論 文 紹 介

18 プレート表現を利用した論文の紹介

■ ■ ■

18.1 階層ベイズ混合モデリングによる個人差へのアプローチ

【出典】 Bartlema, A., Lee, M., Wetzels, R. and Vanpaemel, W. (2013). Bayesian hierarchical mixture approach to individual differences: Case studies in selective attention and representation in category learning. *Journal of Mathematical Psychology*, **59**, 132-150.

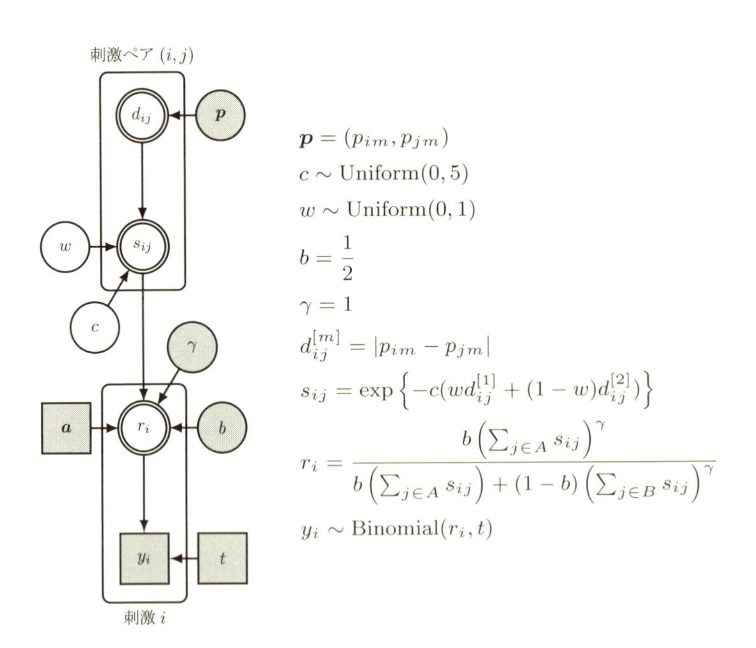

刺激ペア (i,j)
d_{ij}
$\boldsymbol{p}$
w
s_{ij}
c
γ
$\boldsymbol{a}$
r_i
b
y_i
t
刺激 i
$\boldsymbol{p} = (p_{im}, p_{jm})$
$c \sim \text{Uniform}(0,5)$
$w \sim \text{Uniform}(0,1)$
$b = \frac{1}{2}$
$\gamma = 1$
$d_{ij}^{[m]} = |p_{im} - p_{jm}|$
$s_{ij} = \exp\left\{-c(wd_{ij}^{[1]} + (1-w)d_{ij}^{[2]})\right\}$
$r_i = \frac{b\left(\sum_{j\in A} s_{ij}\right)^{\gamma}}{b\left(\sum_{j\in A} s_{ij}\right) + (1-b)\left(\sum_{j\in B} s_{ij}\right)^{\gamma}}$
$y_i \sim \text{Binomial}(r_i, t)$

Estes (1956)*1) は人間の認知過程をモデル化する上で，認知の個人差を考慮する重

---

*1) Estes, W. K. (1956). The problem of inference from curves based on group data. *Psychological Bulletin*, **53**, 134-140.

要性を説いた．それは被験者1人1人のデータには着目せず，単に集約したデータからモデル構築を行う危険性を示唆するものであった．それ以降様々なアプローチが提案され，認知の個人差を考慮したモデル構築は盛んに行われるようになった．Bartlema らは以上の流れを受け，個人差を考慮した認知モデルにベイズ的推定を取り入れることで，その有用性の実証を試みている．そのため本研究の主眼は個人差を扱うモデルにあるが，ここで紹介するプレート表現はその足掛かりとして構築された個人差を考慮しない場合における認知モデルである．

このモデルは一般化文脈モデル (generalized context model, GCM (Nosofsky, 1986)[*2]) と呼ばれ，人間がフィードバックを得るたびに目の前の刺激を特定のカテゴリへ分類できるよう学習していく認知過程 (カテゴリ学習) を表現している．

Bartlema らはデータとして Kruschke (1993)[*3] によるカテゴリ学習に関する実験データを使用した．この実験では，被験者は1つずつランダムに提示される刺激をカテゴリ A とカテゴリ B のいずれかに分類する．分類対象となる刺激には線分を内包した8種類の長方形が用いられた．それぞれ長方形の高さと線分の位置が異なる8種類の刺激は，カテゴリ A とカテゴリ B に4つずつ属している．被験者は1つの刺激を分類するたびに，その正誤をフィードバックとして確認し，図 18.1 に示した分類を学習する．8種類の刺激分類を1試行とし，40人の各被験者につき計8試行が行われた．

Bartlema らはこの実験について，刺激は長方形の高さと線分の配置位置から成り立つ2次元心理空間上に表象されると仮定している．そこで線分の位置を次元1として横

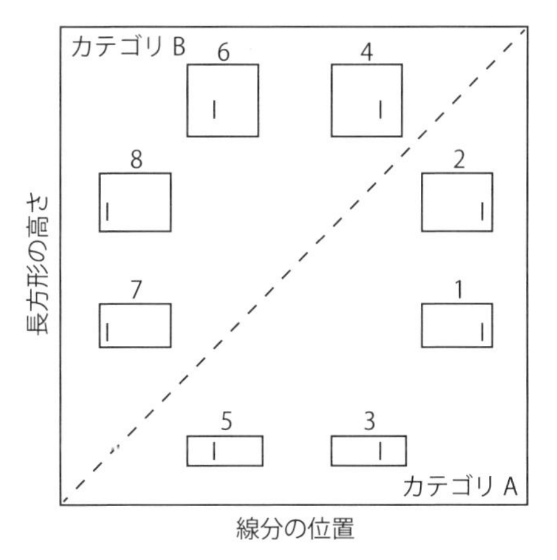

図 18.1 Kruschke (1993) で用いられた刺激

---

*2) Kruschke, J. K. (1993). Human category learning: Implications for backpropagation models. *Connection Science*, **5**, 3-36.

*3) Nosofsky, R. M. (1986). Attention, similarity, and the identification-categorization relationship. *Journal of Experimental Psychology: General*, **115**, 39-57.

軸上に，長方形の高さを次元 2 として縦軸上にとり，$\boldsymbol{p} = (p_{i1}, p_{i2})$ とすることで刺激 i の 2 次元心理空間上での位置を表現した．また各刺激の座標点は Kruschke (1993) の値を使用している．

観測データは刺激 i が被験者 k による全 8 試行のうち，カテゴリ A へ分類された回数 y_{ik} である．ただし，被験者ごとの個人差を考慮しないモデルでは，$y_i = \sum_{k=1}^{40} y_{ik}$ をデータとして用いる．

実験手続きにおいて刺激 i を提示された被験者は，まず自身の記憶内に残っている他の刺激 j を参照する．刺激 i と刺激 j の 2 次元心理空間上の座標点は (p_{i1}, p_{i2})，(p_{j1}, p_{j2}) と表現される．

続いて刺激 i と刺激 j の類似度 s_{ij} を算出する．類似度の算出には 2 次元心理空間上での刺激 i と刺激 j との距離が必要であり，次元 1 と次元 2 のそれぞれについて

$$d_{ij}^{[1]} = |p_{i1} - p_{j1}|,\ d_{ij}^{[2]} = |p_{i2} - p_{j2}| \tag{18.1}$$

と定義される．刺激 i と刺激 j の距離が短いということは両者が類似していることを意味するので，類似度はこの距離が短ければ短いほど，大きな値をとる関数であることが望まれる．類似度は次式になる．

$$s_{ij} = \exp\left\{-c(wd_{ij}^{[1]} + (1-w)d_{ij}^{[2]})\right\} \tag{18.2}$$

関数は非負な値をとり，一般化母数 c (generalization parameter) によって $d_{ij}^{[1]}$ と $d_{ij}^{[2]}$ に対して単調減少する関数になっている．この一般化母数 c は類似度 s_{ij} が全体として減少する速度を規定する母数といえる．例えば (18.2) 式において，刺激間の距離は変わらずとも c が大きな値になれば類似度は小さくなり，刺激同士は識別が容易な関係にあると解釈される．Bartlema らは一般化母数の推定には区間 $0 \leq c \leq 5$ の一様分布を事前分布として仮定している．

また距離 $d_{ij}^{[1]}$ と $d_{ij}^{[2]}$ に重み付いている w は注意量 (attention weight) で，被験者が刺激を前にしたときに各次元に対して払う注意量を表している．一般的に人間が一度に向けることのできる注意の量には限りがある．そこで Bartlema らは，次元 1 に対する注意量を w $(0 \leq w \leq 1)$ とし，次元 2 に対する注意量を $(1-w)$ としている．これらはどちらか一方の次元に多くの注意を払えばその分だけもう一方の次元への注意量は少なくなる，という性質を表現している．注意量の推定には区間 $0 \leq w \leq 1$ の一様分布を事前分布として仮定している．この w の推定結果によって，人間がカテゴリ分類を行う上で配分する各次元への注意量を考察することができる．

(18.2) 式で定義した類似度は刺激 i と刺激 j の類似度であり，単一刺激間の関係である．一方で y_i は刺激 i がカテゴリ A へ分類された回数であり，刺激 i とカテゴリの関係である．そこで Bartlema らは

$$S_{iA} = \sum_{j \in A} s_{ij},\ S_{iB} = \sum_{j \in B} s_{ij} \tag{18.3}$$

を導入している．S_{iA} は刺激 i とカテゴリ A に属する刺激との類似度の総和であり，S_{iB} は刺激 i とカテゴリ B に属する刺激との類似度の総和である．すなわち (18.3) 式は刺激 i と各カテゴリの類似度を表現している．

Bartlema らは刺激 i が t 回のうちカテゴリ A へ分類される回数 y_i には母数 r_i と t をもつ二項分布を仮定している．r_i は刺激 i がカテゴリ A へ分類される確率であり，S_{iA} と S_{iB} を用いて以下のように導かれる．

$$r_i = \frac{b\left(\sum_{j\in A} s_{ij}\right)^{\gamma}}{b\left(\sum_{j\in A} s_{ij}\right) + (1-b)\left(\sum_{j\in B} s_{ij}\right)^{\gamma}} = \frac{b\,(S_{iA})^{\gamma}}{b\,(S_{iA}) + (1-b)\,(S_{iB})^{\gamma}} \tag{18.4}$$

式中の b は反応バイアス (response bias)，γ は反応尺度母数 (response-scaling parameter) であり，それぞれ $b = 1/2$ と $\gamma = 1$ の固定母数として扱われている．またプレート表現において γ と b 以外に r_i が依存する変数として指示変数 $\boldsymbol{a}$ (indicator variable) がある．これは $\sum_{j\in A} s_{ij}$ と $\sum_{j\in B} s_{ij}$ における，$j \in A$ と $j \in B$ を数理的に処理するための横ベクトルである．$\boldsymbol{a}$ は刺激 j がカテゴリ A に属するならば $a_j = 1$，カテゴリ B に属するならば $a_j = 0$ となる．$\boldsymbol{a}$ を用いて (18.4) 式を再表現するならば

$$r_i = \frac{b\sum_j a_j s_{ij}}{b\sum_j a_j s_{ij} + (1-b)\sum_j (1-a_j) s_{ij}} \tag{18.5}$$

となる．

18.2　記憶に関する SIMPLE モデル

【出典】 Shiffrin, R. M., Lee, M. D., Kim, W. and Wagenmakers, E.-J. (2008). A survey of model evaluation approaches with a tutorial on hierarchical Bayesian methods. *Cognitive Science*, **32**(8), 1248-1284.

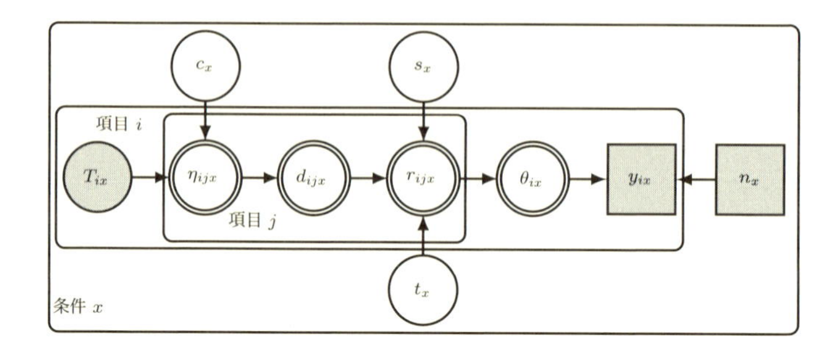

$$
\begin{aligned}
c_x &\sim \text{Uniform}(0, 100) \\
s_x &\sim \text{Uniform}(0, 100) \\
t_x &\sim \text{Uniform}(0, 1) \\
\eta_{ijx} &= \exp(-c_x|\log T_{ix} - \log T_{jx}|) \\
d_{ijx} &= \frac{\eta_{ijx}}{\sum_k \eta_{ikx}}
\end{aligned}
\qquad
\begin{aligned}
r_{ijx} &= \frac{1}{(1 + \exp(-s_x(d_{ijx} - t_x)))} \\
\theta_{ix} &= \min\left(1, \sum_k r_{ikx}\right) \\
y_{ix} &\sim \text{Binomial}(\theta_{ix}, n_x)
\end{aligned}
$$

心理学において人間の記憶は古くから注目され，様々な実験や研究が行われてきた．その中で，Murdock (1962)*4) は単語の自由再生課題 (free recall task) 実験を通じて，課題の提示位置が人間の記憶に影響を及ぼすことを報告し，これを系列位置効果 (serial position effect) と名付けた．自由再生課題とは，実験協力者にある事物や単語などを一定間隔で提示して順次記憶してもらい，その後に記憶した事物を順番を問わずに列挙してもらう課題である．

系列位置効果とは，人間は提示された記憶課題の系列のうち，初期の事物と最後に近い事物を覚えやすい傾向である．これらはそれぞれ初頭効果と親近効果と名付けられている．系列位置効果は様々な追試によって再確認され，強固な効果であることが示唆されている．

Brown et al. (2007)*5) は，自由再生課題を対象とし，人間の記憶課題に対して，

---

*4) Murdock, B. B., Jr. (1962). The serial position effect in free recall. *Journal of Experimental Psychology*, **55**, 57-67.

*5) Brown, G. D. A., Neath, I. and Chater, N. (2007). A temporal ratio model of memory. *Psychological Review*, **114**, 539-576.

ロジスティック曲線を利用した「尺度不変な記憶・知覚・学習モデル (Scale-Invariant Memory, Perception, and Learning; SIMPLE)」モデルを提案した．これに対して Shiffrin らは SIMPLE モデルのベイジアンモデリングを扱い，プレート表現を導入している．

Brown et al. (2007) は SIMPLE モデルにおいて，記憶は課題が提示された時間によって符号化されるが，その表現は対数的に圧縮 (logarithmically compressed) され，より時間的に遠い記憶ほど，他の課題との類似度が高まり，識別性が損なわれていくことを仮定している．また，記憶の独自性 (distinctiveness) が記憶課題において中心的な役割を演じていること，記憶への干渉 (interference) が記憶の減衰 (decay) よりも忘却に強く影響していることを仮定している．

また，SIMPLE モデルでは，記憶がその後に短期記憶となるか長期記憶となるかという理論的な仮定にかかわらず，記憶時には同じ記憶過程が生じていると仮定している．自由再生データへの SIMPLE モデルの適用は Shiffrin らによって 5 つのステージに分けられている．

1. 項目 i の学習と検索間の時間 T_i は対数的圧縮を用いて表現され，$M_i = \log T_i$ と与えられる．

2. 各項目対間の類似性は $\eta_{ij} = \exp(-c|M_i - M_j|)$ と計算される．c は記憶の「独自性」を規定する母数である．

3. 各項目対間の識別性は $d_{ij} = \eta_{ij} / \sum_k \eta_{ik}$ によって計算される．

4. 各項目対の検索確率は $r_{ij} = 1/(1 + \exp(-s(d_{ij} - t)))$ と計算される．t は閾値母数であり，s は閾値ノイズ母数 (threshold noise parameter) である．

5. 自由再生について，呈示された系列における i 番目の項目が想起される確率は $\theta_i = \min(1, \sum_k r_{ik})$ と計算される．

SIMPLE モデルは，項目の時間的表現を，項目再生の正確さという行動データへ結びつける 3 つの母数 c，s，t によって実装される．

Brown et al. (2007) は Murdock (1962) で得られた単語の自由再生課題に関するデータに対して，記憶の SIMPLE モデルを適用している．その際，Murdock (1962) で明示されていない課題状況については，いくつかの仮定 (例：リスト提示終了からの再生の平均時間) をおいている．Murdock (1962) では，10 単語 2 秒間隔，15 単語 2 秒間隔，20 単語 2 秒間隔，20 単語 1 秒間隔，30 単語 1 秒間隔，40 単語 1 秒間隔の 6 条件の下で実験が行われた．それぞれの条件における実験協力者数は 1440，1280，1520，1520，1200，1280 である．

被験者によって異なる単語リストが呈示されているため，n_x は x 番目の条件 (この条件の下ではすべての単語は同一である) についての総試行数を表している．類似性 η_{ijx}，識別性 d_{ijx}，検索 r_{ijx}，自由再生確率 θ_{ix} は生成量である．

18.3 意思決定方略を検証するための階層ベイズモデル

【出典】 Lee, D. M. and Newll, B. R. (2011). Using hierarchical Bayesian methods to examine the tools of decision-making. *Judgment and Decision Making*, **6**(8), 832-842.

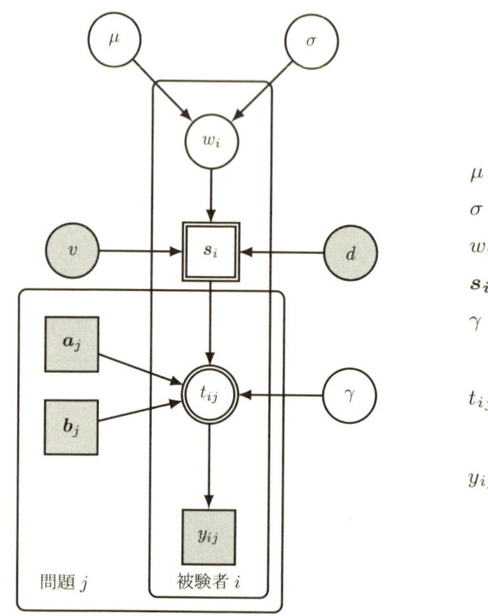

$$
\begin{aligned}
&\mu \sim \text{Uniform}(0,1)\\
&\sigma \sim \text{Uniform}(0,1)\\
&w_i \sim \text{Normal}(\mu, 1/\sqrt{\sigma})_{\mathcal{I}(0,1)}\\
&\boldsymbol{s_i} = \text{rank}(w_i v_k + (1-w_i)d_k)\\
&\gamma \sim \text{Uniform}(0.5,1)\\
&t_{ij} = \begin{cases} \gamma & \text{TTB}_{\boldsymbol{s}_i}(\boldsymbol{a}_j, \boldsymbol{b}_j) = a \\ 1-\gamma & \text{TTB}_{\boldsymbol{s}_i}(\boldsymbol{a}_j, \boldsymbol{b}_j) = b \\ 0.5 & \text{それ以外} \end{cases}\\
&y_{ij} \sim \text{Bernoulli}(t_{ij})
\end{aligned}
$$

この論文では，意思決定方略における個人間の差異を表現するために，階層ベイズモデルが利用されている．ヒューリスティックな意思決定の過程をモデル化するにあたって，Lee らは 2 者比較決定課題のシミュレーションデータを用いた適用例を示している．2 者比較決定課題における意思決定では，被験者はまず，提示された対象に関して自身の記憶や外的な情報源に照らして情報探索を行い，そして，何らかの条件 (stopping rule) を満たしたとき，情報探索を停止し，最終的な判断 (選択) が下されると考えられているという．Lee らは，情報探索の方法と，探索を停止するルールのそれぞれで，個人差を表現したモデルを提案している．ここに示したプレート表現は，情報探索のモデルを階層ベイズに発展させ，個人差を説明できるようにしたモデルである．

Lee らは，2 者比較決定課題として，ドイツの 83 都市の中から 2 つずつ対にして比較し，どちらの都市の人口が多いか相対的な判断を行う実験 (Gigerenzer and Goldstein, 1996 *6)) を想定している．このとき，各都市は「その都市は国の首都であるか？」「その

*6) Gigerenzer, G. and Goldstein, D. G. (1996). Reasoning the fast and frugal way: models of bounded raitionality. *Psychological Review*, **103**, 650-669.

都市に空港はあるか？」といった 9 つの手がかりによって特徴付けられている．情報探索において，これらの手がかりはそれぞれ，識別性 (discriminability) と妥当性 (validity) という 2 つの観点から評価されると考えられている．識別性は，対象対のうち一方がその手がかりをもっていてもう一方がもっていない組み合わせの割合であり，その手がかりによって 2 つの対象をどの程度差別化できるかの程度である．妥当性は，識別性が所与の下で，その手がかりによっていずれの対象を選択すべきかが正確に決まる程度のことである．識別性が非常に低く，かつ妥当性が非常に高い手がかりの例として「その都市は国の首都であるか？」が挙げられている．なぜなら，ほとんどの組み合わせではどちらも首都でないが，もし一方が首都である組み合わせでは必ずその首都である都市の方が人口が多いと判断できるためだという．Lee らは，2 者比較決定課題における情報探索では，手がかりの識別性と妥当性の両方が最終的な判断に影響しており，どちらがどの程度影響しているかは，個人差や課題の制約によって異なるはずであると考えた．Lee らが提案したプレート表現のモデルでは，人によって識別性と妥当性それぞれを重要視する度合が異なり，そのことが手がかりを参照する順番を決定付けると仮定して，情報探索の方法の個人差を表現している．

Lee らの適用例では，上述のような 2 者比較決定課題 100 問に，20 人の被験者が回答したという設定のシミュレーションデータを用いている．y_{ij} は，被験者 $i\ (=1,\ldots,20)$ の問題 $j\ (=1,\ldots,100)$ に対する選択結果を表しており，対象対 (a,b) が提示されたとき，対象 a が選択された場合には $y_{ij}=1$，対象 b が選択された場合には $y_{ij}=0$ とする．問題 j における対象 a の手がかりベクトル $\boldsymbol{a}_j$ と対象 b の手がかりベクトル $\boldsymbol{b}_j$，そして k 番目の手がかりの識別性 d_k と妥当性 v_k は観測データとして与える．このモデルでは，$k\ (=1,\ldots,9)$ 個の手がかりについて，重み付き和 $w_i v_k + (1-w_i)d_k$ の大きさを評価することで，個人ごとの手がかりを参照する順番 $\boldsymbol{s}_i$ が決まる様子を表している．なお，重み w_i は，被験者 i が手がかりの識別性と妥当性のいずれを重視しているかを表現しており，平均 μ，標準偏差 $1/\sqrt{\sigma}$ で範囲 (0,1) の切断正規分布に従うと仮定している．情報探索の停止から最終的な判断に至る過程としては，識別性の高い手がかりが見つかった時点で探索をやめるという TTB (take-the-best (Gigerenzer and Goldstein, 1996)) モデル ($t_{ij}=\gamma$ または $t_{ij}=1-\gamma$) か，あるいはもし識別性の高い手がかりがなければまったくランダムに選択を行う ($t_{ij}=0.5$) と仮定し，y_{ij} は母数 t_{ij} のベルヌイ分布に従うと仮定している．

18.4 歳をとることで認識に基づく推論はどのように変化するのか?
—階層ベイズモデルアプローチを使った推測—

【出典】Horn, S. S., Pachur, T. and Mata, R. (2015) How does aging affect recognition-based inference? A hierarchical Bayesian modeling approach. *Acta Psychologica*, **154**, 77-85.

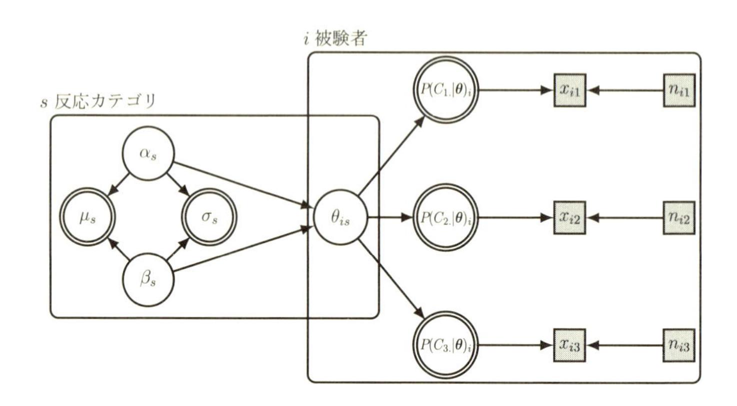

$\mu_s = \alpha_s/(\alpha_s+\beta_s)$　　$\sigma_s^2 = \alpha_s\beta_s/\left[(\alpha_s+\beta_s)^2(\alpha_s+\beta_s+1)\right]$

$\alpha_s, \beta_s \sim \mathrm{Uniform}(1, 1000)$　　$\theta_{is} \sim \mathrm{Beta}(\alpha_s, \beta_s)$

$P(C_{11})_i = \theta_{i1}$　　$P(C_{12})_i = 1-\theta_{i1}$

$P(C_{21})_i = \theta_{i2}\theta_{i3} + (1-\theta_{i2})\theta_{i1}\theta_{i3}$　　$P(C_{22})_i = \theta_{i2}(1-\theta_{i3}) + (1-\theta_{i2})(1-\theta_{i1})(1-\theta_{i3})$

$P(C_{23})_i = (1-\theta_{i2})\theta_{i1}(1-\theta_{i3})$　　$P(C_{24})_i = (1-\theta_{i2})(1-\theta_{i1})\theta_{i3}$

$P(C_{31})_i = \theta_{i4}$　　$P(C_{32})_i = 1-\theta_{i4}$

$x_{is} \sim \mathrm{Multinomial}(P(C_{s.} \mid \boldsymbol{\theta})_{i.}, n_{is})$　　$s = 1, 2, 3$

再認ヒューリスティック (recognition heuristic, RH) とは，二者択一選択の際に，その選択肢の片方が既知で，もう片方が未知の場合には既知の方を高く評価する推論である．本研究で Horn らは RH の使用に関する個人差と年齢の違いを 80 人の実験データを用いて検討している．本実験では 2 つの質問 (認知度の高いもの (アメリカの都市の名前) と低いもの (伝染病の名前)) を使用している．被験者はそれぞれ 2 つずつ提示された刺激に対して選択を行う．このとき被験者の認識パターンは 3 つ $(C_{1.}, C_{2.}, C_{3.})$ に分かれており，それぞれの状況における提示回数データが n_1, n_2, n_3，正答数データが x_1, x_2, x_3 である．Horn らはこのデータに MPT (multinomial processing tree) モデル (図参照．論文を参照に筆者が作成した) を当てはめている．MPT モデルにおいて，上記の 3 つの認識パターンは以下のように表すことができる．

・**RR case**：被験者がどちらの対象も認識している場合．よって知識を使った推論が行われる．正しい推論は確率 θ_1 で行われ，間違った推論は $1-\theta_1$ の確率で行われる．母数 θ_1 は被験者のもつ知識の妥当性を示す．

・**RU case**：被験者が 2 つの対象のうち，どちらかを認識している場合．このときにのみ，RH が使用される．RH が使われる確率は θ_2 である．正しい推論は確率 θ_3 で，間違った推論は確率 $1-\theta_3$ で行われる．母数 θ_3 は認識と基準変数 (都市の大きさなど) の関連性の強さを反映している．また，$1-\theta_2$ の確率で RH を採用せずに，知識や他の方法を用いて推論を行う．このとき，正しい推論は確率 θ_1 で行われる．この場合，認識された対象は確率 θ_3 で選ばれ，認識されていない対象は確率 $1-\theta_3$ で選ばれる．また，間違った推論は確率 $1-\theta_1$ で行われ，この場合は認識されていない対象は確率 θ_3 で選ばれ，認識された対象は $1-\theta_3$ で選ばれる．

・**UU case**：どちらの対象も認識していない．確率 θ_4 で正しい推論を行い，確率 $1-\theta_4$ で間違った推論を行う．

母数 $\boldsymbol{\theta}=\{\theta_1,\theta_2,\theta_3,\theta_4\}$ の組み合わせによって $C_{11},\ldots,C_{32}$ の全 8 パターンに反応が分かれる．母数 θ_{is} $(i=1,\ldots,N, s=1,2,3,4)$ はそれぞれ i 番目の被験者の，種類 s の母数を表し，4 種類の母数 $\theta_{.1},\ldots,\theta_{.4}$ はそれぞれ異なるベータ分布に従っている．またベータ分布の母数 α_s,β_s はそれぞれ無情報一様分布に従っている．正答数 x_{is} はこの $\boldsymbol{\theta}$ を所与としたときの各パターンの反応確率 $P(C_{1.}\mid\boldsymbol{\theta}), P(C_{2.}\mid\boldsymbol{\theta}), P(C_{3.}\mid\boldsymbol{\theta})$ を母数とする多項分布に従っている．

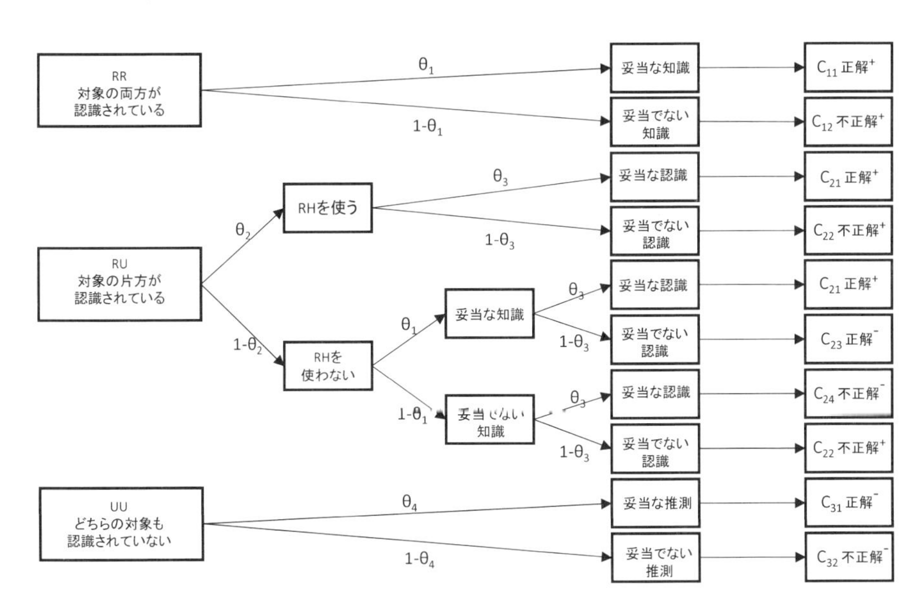

18.5 忘却曲線の形状と記憶の行く末 —階層ベイズモデルを用いたアプローチ—

【出典】Averell, L. and Heathcote, A. (2011). The form of the forgetting curve and the fate of memories. *Journal of Mathmatical Psychology*, **55**(1), 25-35.

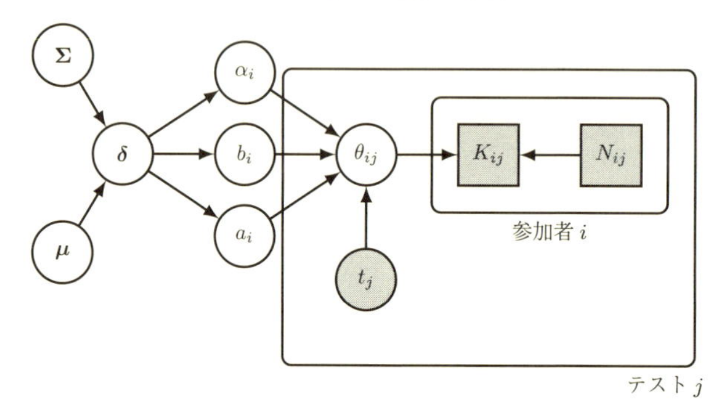

$$K_{ij} \sim \mathrm{Binomial}(\theta_{ij}, N_{ij}) \qquad \boldsymbol{\delta} \sim \mathrm{Multinormal}(\boldsymbol{\mu}, \boldsymbol{\Sigma})$$
$$\boldsymbol{\Sigma} \sim \mathrm{Wishart}^{-1}(3, \boldsymbol{R}) \qquad \mu_1 \sim \mathrm{Uniform}(-\infty, \infty)$$
$$\mu_2 \sim \mathrm{Uniform}(-\infty, \infty) \qquad \mu_3 \sim \mathrm{Uniform}(-\infty, \infty)$$
$$\theta_{ij} = 0.116 + (1 - 0.116) \times \{a_i + (1 - a_i) \times b_i \exp(-\alpha_i t_j)\} \qquad a_i = \Phi(\delta_1 | \mu_1, \sigma_1)$$
$$b_i = \Phi(\delta_1 | \mu_2, \sigma_2) \qquad \alpha_i = \log \delta_3$$

Averell らによると，忘却曲線は人間が物事を記憶してから，忘れるまでの経過を表現する関数として Ebbinghaus (1885/1974) [*7] によって提唱された．それ以来，忘却曲線に関する研究は盛んに行われ，大きく 2 つの問題が指摘されてきた．1 つは，実験参加者間のデータを平均化することで，モデル全体に歪み (過分散) が生まれることであり，もう 1 つは，忘却曲線を近似する妥当な関数についての合意が得られていないことである．この論文では，参加者間での相違を階層ベイズモデルを利用して表現することによって，1 つめの問題を克服しようとしている．また，忘却曲線として指数関数，パレート関数，べき関数の 3 つを候補とし，モデル比較を行うことで，2 つめの問題に対して回答すると同時に，当て推量確率を上回る半永久的な記憶保持率の妥当性について検証している．

Averell らでは，忘却曲線は時間 t の関数として，$R(t) = a + (1 - a) \times b \times P(t)$ と表されている．ここで，$R(t)$ は時間 t における記憶保持率を示しており，a は記憶保持率のベースライン，b は参加者が想起したものを正確に記述することができるかどうかを示

[*7] Ebbinghaus, H. (1885/1974). *Memory: A Contribution to Experimental Psychologh.* Dover.

すエンコーディングの成功率をそれぞれ表している．$P(t)$ には時間 t に関する単調減少非線形関数が仮定される．これは，人間の記憶は時間とともに不確かになっていくことを表現している．この論文では，$P(t)$ に指数関数，パレート関数，べき関数の 3 種類を仮定し，このうち指数関数とべき関数には $\hat{a} = \{g + (1 - g)\}/a$ とベースラインを設定することで，当て推量確率 g を超えるような半永久的な記憶保持率 a を表現している．

Averell らの実験において，参加者は明示的に想起を行う群 (明示群) と非明示的に想起を行う群 (非明示群) に分けられる．両群に共通して，参加者 $i\ (= 1, \ldots, 16)$ は まず 4~6 文字で構成される 17 個の単語を覚え，そこから間隔を空けた時間 t_j において，これを思い出すテスト $j\ (= 1, \ldots, 10)$ を行う．単語の想起には最初の 3 文字が手がかりとして与えられ，明示群には覚えた単語を埋めるよう指示されるのに対し，非明示群には手がかりの文字列から一番はじめに思い浮かんだ単語を記述するよう求められる．ここで，参加者を 2 群に分けたのは，想起の仕方によって，忘却曲線として妥当な関数が異なるという仮説を検証するためである．

Averell らにおいて，参加者 i のテスト j における正答数 K_{ij} は 2 項分布でモデル化されている．この 2 項分布の成功比率 θ_{ij} を前述の記憶保持率 $R(t)$ として，参加者ごとに異なる母数をもつ前述した 3 種類の関数を忘却曲線として仮定している．プレート表現は忘却曲線に指数関数を仮定したものであり，参加者ごとに異なる母数ベクトル $\boldsymbol{\delta}$ に多変量正規分布を仮定している．これは，記憶の特性値は参加者間で正規分布しており，参加者内でそれら特性値は相関関係が考えられることを示唆している．θ_{ij} に関しては，δ_1 と，δ_2 それぞれを正規累積変換した a_i，b_i と δ_3 を対数変換した α_i の合成変数として表されている．ここで，a_i は参加者 i の忘却曲線の漸近線の値であり，半永久的な記憶保持率として解釈される．また，b_i，α_i はそれぞれエンコーディングの成功率，忘却率を表している．忘却率 α_i は指数関数のハザード関数であり，忘却率は時間 t によらず一定であることを意味する．単語の想起には最初の 3 文字が手がかりとして与えられていることから，Averell and Heathcote (2009) [*8] より，θ_{ij} には $g = 0.116$ という当て推量確率が仮定されている．多変量正規分布の母数 $\boldsymbol{\mu}$ には区間 $(-\infty, \infty)$ の一様分布が事前分布として仮定され，母数 $\boldsymbol{\Sigma}$ には自由度 $m = 3$，共分散行列 $\boldsymbol{R}$ の逆ウィシャート分布が仮定されている．この論文では，$\boldsymbol{R}$ にはサイズ 3 の単位行列が用いられている．

[*8] Averell, L. and Heathcote, A. (2009). Long term implicit and explicit memory for briefly studied words. In A. Taatgen and H. van Rijn (Eds.). *Proceedings of the 31st Annual Conference of the Cognitive Science Society*, 267-281. Austin, Cognitive Science Society.

18.6　バンディット問題における意思決定のベイズ的分析

【出典】 Steyvers, M., Lee, M. D. and Wagenmakers, E. J. (2009). A Bayesian analysis of human decision-making on bandit problems. *Journal of Mathematical Psychology*, **53**(3), 168-179.

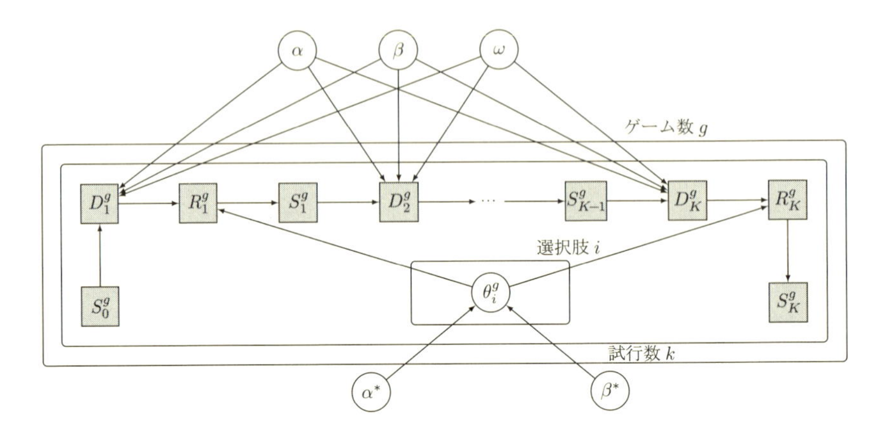

$S_k^g = \{s_1, f_1, \ldots, s_N, f_N\}$　　$\theta_i^g \sim \mathrm{Beta}(\alpha^*\ \beta^*)$　　$R_k^g \sim \mathrm{Bernoulli}(1\ \theta_i^g)$

$$p(D_k^g = i | S_k^g, \alpha, \beta) = \begin{cases} \omega / N_{\max} & \text{選択肢 } i \text{ が最善の選択肢である場合} \\ (1-\omega)/(N - N_{\max}) & \text{それ以外の場合} \end{cases}$$

$N_{\max}$: その時点において期待利得を最大化する選択肢の数，　ω : 参加者の合理性を示す

Steyvers らはバンディット問題を扱っている．バンディット問題とは複数の選択肢から得られる利得を限られた試行数の中で最適化するときに，どのような選択をするかを扱う問題である．その代表的な例に複数のスロットが選択可能な状況下におけるスロットの選択などがある．バンディット問題においては現状よりもよい選択肢の探索 (exploration) と現状把握している知識の利用 (exploitation) の間にトレードオフの関係が成り立つことが特徴である．

Steyvers らによると，バンディット問題のような最適化問題における成績の良し悪しは人間の基礎的な認知能力の差異に関して興味深い知見を与えてくれる．Burns et al. (2006)[*9)] はその好例である．またバンディット問題における行動はリスクに関する個人の特徴とも関連すると考えられる．例えば過度に多い探索行動はリスク志向的であると見なされ，反対に過度に多い知識利用行動はリスク回避的であると見なすことができる．

---

*9)　Burns, N. R., Lee, M. D. and Vickers, D. (2006). Individual differences in ploblem solving and intelligence. *Journal of Ploblem Solving*, **1**(1), 20-32.

Steyvers らはこの探索と知識利用の選択はその時点までの報酬の取得状況に左右されるとした上で，上記のようなモデルを考案している．添え字 i は選択肢を，添え字 g はゲーム数を，添え字 k は 1 ゲーム内の試行数を表している．なお選択肢の総数は N である．ここで S_k^g は g 番目のゲームにおける k 試行目を終えた段階での成績を示す．S_k^g の要素である s_i は選択肢 i で報酬を得た回数を示し，f_i は選択肢 i で報酬を得られなかった回数を示す．また D_k^g は g 番目のゲームの k 試行目において選択した選択肢であり，R_k^g は同時点における報酬の有無である．

Steyvers らは g 番目のゲームの各選択肢において報酬が得られる確率 θ_i^g は母数 α^*, β^* のベータ分布に従うとしている．α, β は参加者が自身の信念としてもつベータ分布の母数であり，それぞれ成功数と失敗数に対する信念を示す．ベータ分布の期待値 $\alpha/(\alpha+\beta)$ は楽観の程度，分母の $(\alpha+\beta)$ は信念の確信度として解釈することが可能となる．なお，参加者が自身の信念に合理的に従うとは限らないため，その調整を ω という変数によって行っている．また N_{max} はその時点において期待利得を最大化する選択肢の数である．実験参加者 451 名それぞれが 4 つの選択肢をもつ，試行数 15 回のゲームを 20 回行った．なお各選択肢の報酬の得られる確率 θ_i^g はゲームを通して一定であった．また各ゲームは θ_i^g を実験参加者間で統一し，その順番を入れ替えて行われた．

Steyvers らによると，実験の結果から実験参加者の 1 試行における報酬の平均の分布を算出したところ，実験参加者の分布は最適な選択肢を選び続けた場合とランダムで選んだ場合との間に位置した．このことから実験参加者は多くの試行において，致命的なミスを避けつつ，無難な選択肢を選ぶ傾向にあると考えられる．しかし実験参加者の平均分布は最適な選択肢を選び続けた場合の分布，ランダムで選んだ場合の分布の双方と重なり合っていたため，本論文の後半ではその個人間の差異についてさらなる議論が行われている．

18.7　記憶再認モデルにおけるベイズ推定 —list-length 効果の場合—

【出典】 Dennis, S., Michael D. L. and Angela K. (2008). Bayesian analysis of recognition memory: The case of the list-length effect. *Journal of Memory and Language*, **59**(3), 361-376.

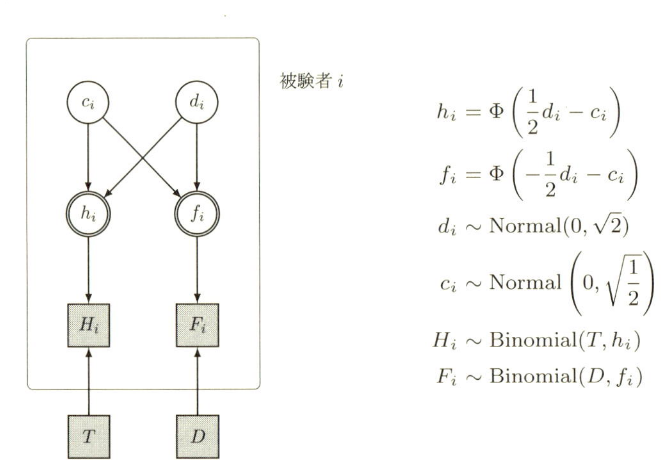

Dennis らによると，記憶再認課題の成績に影響を与える主な要因として単語と文脈がある．単語による影響は刺激として呈示された単語の再認において，学習リストにあった他の単語そのものが再認を妨げる際に起こる．対して文脈による影響は刺激として呈示された単語の再認において，学習リストにあった他の単語が使用される文脈が再認を妨げる場合を指す．Humphreys et al. (1994)[*10] にあるように再認課題の成績は単語と文脈のどちらか，あるいは双方から影響を受ける可能性はあるものの，どちらが主たる要因か，その議論は決着していない．

Dennis らは，単語と文脈，どちらの影響が強いのかについて知見を得るべく，list-length 効果の有無に着目をしている．list-length 効果とは学習段階における単語リストの長さが再認課題の成績に与える効果である．ここで単語が再認の成績に影響を与えている場合，単語リストが長ければ，その分単語数も増えるため，再認の成績は低くなる．反対に文脈が影響を与えている場合には，単語リストの長さは再認の成績に影響を与えないと考えられる．以上の観点から本論では list-length 効果の有無の検証を目的として

[*10] Humphreys, M. S., Wiles, J. and Dennis, S. (1994). Toward a theory of human-memory-Date-structures and access processes. *Behavioral and Brain Sciences*, **17**, 655-667.

いる．

Dennis らによって行われている記憶再認課題は呈示された単語が学習リストにあったかどうかを Yes/No で回答する形式をとる．そのため回答者の反応は「学習リストにあり，正答 (Hit)」「学習リストにあり，不正答 (False Alarm)」「学習リストになく，正答」「学習リストになく，不正答」の 4 つに分類される．これらの結果に対し，本論では本書でも扱った信号検出理論を用いて分析を行っている．信号検出理論は最尤推定法を用いて分析を進めることも可能であるが，本論文では以下の理由からベイズ推定を用いている．

- 伝統的な統計学における有意差検定では帰無仮説を積極的に採用する術がないため，list-length 効果がないという仮説を積極的に採用することができない．
- 標本数が過度に多い場合には実質科学的に無意味な差も有意としてしまう．
- 標本数が少ない場合には標本分布の近似が不十分であり，推定値が妥当なものでなくなってしまう．
- 標本数に応じた推定値のばらつきを考慮できない．
- 伝統的な統計学においては尤度原理により，標本数をあらかじめ固定するため，反復的な分析ができない．
- 全問正答や全問不正答の場合に推定ができない．

Dennis らによって行われた実験は，リストの長さ (short or long)，試行状況 (filler activity or no filler activity)，刺激として用いる単語の出現頻度 (high or low) の $2 \times 2 \times 2$ 要因実験として設計されている．なお刺激として 5 文字からなる単語と 6 文字からなる単語が半数ずつ用いており，その出現頻度とは 100 万単語あたりに 100 から 200 回目にする単語を高頻度とし，100 万単語あたりに 1 から 4 回目にする単語を低頻度としている．プレート中の d_i はバイアス量を示し，c_i は実験協力者が Yes/No のどちらを回答しやすいかの傾向を示している．また T は正解選択肢 (Targets) の数を表し，D は誤答選択肢 (Distractors) の数を表している．H_i は Hit を表し，F_i は False Alarm を表している．本論では list-length 効果は見られなかったと結論付けている．

18.8 記憶障害に関する記憶モデルと階層ベイズ分析

【出典】 James, P. P. and Michael, D. L. and William, R. S. (2011). Understanding memory impairment with memory models and hierarchical Bayesian analysis. *Journal of Mathematical Psychology*, **55**, 47-56.

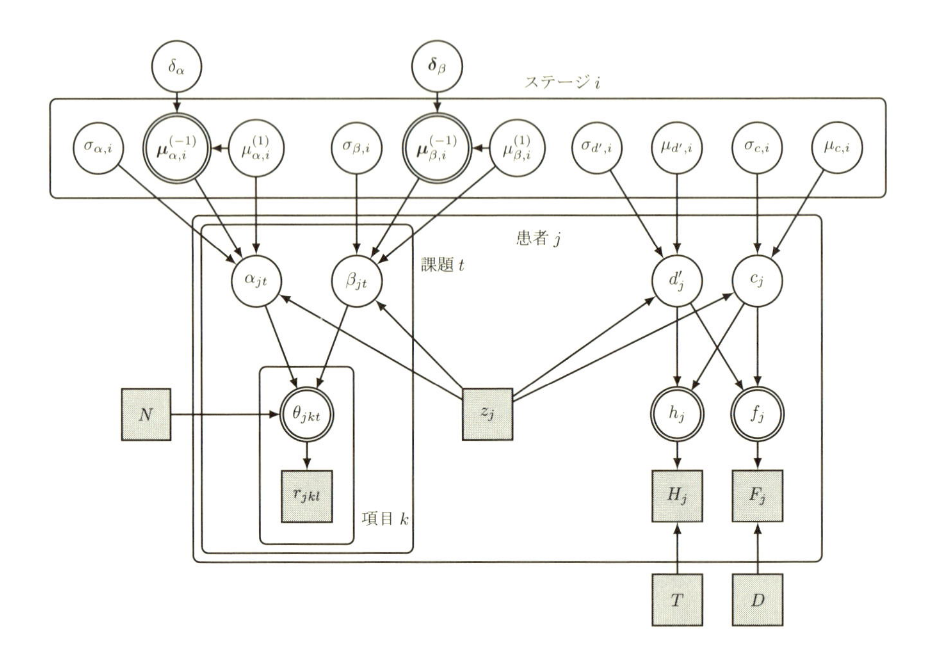

$\mu^{(1)}_{\alpha,i}, \mu^{(1)}_{\beta,i} \sim \text{Uniform}(0,1)$

$\sigma_{\alpha,i}, \sigma_{\beta,i} \sim \text{Uniform}(0,1)$

$\mu^{(t)}_{\alpha,i} = \mu^{(1)}_{\alpha,i} + \delta_\alpha$

$\mu^{(t)}_{\beta,i} = \mu^{(1)}_{\beta,i} + \delta^{(t)}_\beta$

$\boldsymbol{\mu}^{(-1)}_{\alpha,i} = (\mu^{(2)}_{\alpha,i}, \mu^{(3)}_{\alpha,i}, \mu^{(4)}_{\alpha,i})$

$\boldsymbol{\mu}^{(-1)}_{\beta,i} = (\mu^{(2)}_{\beta,i}, \mu^{(3)}_{\beta,i}, \mu^{(4)}_{\beta,i})$

$\delta_\alpha \sim \text{Uniform}(-1,1)$

$\delta^{(t)}_\beta \sim \text{Uniform}(-1,1)$

$\boldsymbol{\delta}_\beta = (\delta^{(2)}_\beta, \delta^{(3)}_\beta, \delta^{(4)}_\beta)$

$z_j \sim \text{Categorical}\left(\frac{1}{6}, \cdots, \frac{1}{6}\right)$

$\alpha_{ji} \sim \text{Gaussian}(\mu^{(t)}_{\alpha,z_j}, \sigma_{\alpha,z_j}) \times \boldsymbol{I}_{[0,1]}$

$\beta_{jt} \sim \text{Gaussian}(\mu^{(t)}_{\beta,z_j}, \sigma_{\beta,z_j}) \times \boldsymbol{I}_{[0,1]}$

$\theta_{jkt} = 1 - (1-\alpha^k_{jt})(1-\beta^{N-k+1}_{jt})$

$r_{jkt} \sim \text{Bernoulli}(\theta_{ijk})$

$\mu_{d',i} \sim \text{Gaussian}(0, 1/\sigma^2 = 2)$

$\mu_{c,i} \sim \text{Gaussian}(0, 1/\sigma^2 = 1/2)$

$$\sigma_{d'j} \sim \text{Uniform}(5/100, 3) \qquad \sigma_{c,i} \sim \text{Uniform}(5/100, 3)$$
$$d'_j \sim \text{Gaussian}(\mu_{d',z_j}, \sigma_{d',z_j}) \qquad c_j \sim \text{Gaussian}(\mu_{c,z_j}, \sigma_{c,z_j})$$
$$H_j \sim \text{Binomial}(h_j, T) \qquad F_j \sim \text{Binomial}(f_j, D)$$

本論文では，アルツハイマー病および関連障害 (Alzheimer's disease and related disorders, ADRD) に関連して生じるエピソード記憶障害に対し，ベイズ的アプローチを行っている．James らは，ADRD の臨床データベースから，525 人に対し再認課題と再生課題の 2 つのテストを実施した結果を用いている．525 人の参加者は，Reisberg (1988)*11) によるアルツハイマー病の重症度のアセスメントである FAST によって,「正常」「年相応」「境界状態」「軽度のアルツハイマー病」「中程度のアルツハイマー病」「やや高度のアルツハイマー病」の 6 つのステージに分けられている．なお，FAST には，7 つめのステージとして "高度のアルツハイマー病" があるが，このステージに該当する患者は 6，7 語程度に限定されるほどに言語の能力が低下していたり，歩行や着座能力の喪失が起こったりしているため，対象とされていない．本論文によると，再認課題では，10 個の単語を呈示し記憶させた後，呈示した単語としていない単語を各 10 個ずつ呈示し，記憶した単語であるかどうかを回答させる old-new 課題の hit (記憶する単語として呈示されていた単語を呈示されていたと正しく判断できた) 率と false alarm (記憶する単語として呈示されていなかった単語を，誤って呈示されていたと回答した) 率の結果が用いられている．再生課題では，合計で 4 回の自由再生課題の系列位置の結果を用いている．はじめの 3 回は，10 個の単語を記憶し，直後に自由再生で回答をさせることを繰り返す．別の認知課題を行ったのち，4 回目の自由再生では，単語を呈示せずにその前に覚えた単語を自由再生させた．

このプレート図では，左側の部分で自由再生課題に対する 2 要因モデルを表している．また，右側の部分では，old-new 再認課題に対する SDT (signal detection theory, 信号検出理論) モデルを表している．z_j は j 人目の参加者の FAST ステージを示している．2 要因モデルにおいて，α は初頭効果，β は新近性効果を表している．k 番目に呈示された単語を再生する確率を，α と β を用いて θ_k で表す．r_{jkl} は，t 回目の課題において j 人目の参加者が k 番目の項目を再生した場合は 1，再生しない場合には 0 となる．SDT モデルにおいて，d' は old 分布 (記憶する際の分布) と new 分布 (テストのみで提示される単語) の平均の距離，c は閾値を示している．h_i は j 人目の参加者の hit 率，f_j は j 人目の参加者の false alarm 率を表し，H_j,F_j はそれぞれ，j 人目の参加者の hit 数，false alarm 数を表している．T は，記憶する単語として提示された単語の数 (10 個)，D はテスト時のみ呈示された単語の数 (10 個) を表している．

---

*11) Reisberg, B. (1988). Functional assesment staging (FAST). *Psychopharmacology Bulletin*, **24**, 653-659

18.9　確率推定の統合における認知モデルの適用

【出典】 Lee, M. D. and Danileiko, I. (2014). Using cognitive models to combine probability estimates. *Judgment and Decision Making*, **9**(3), 259-273.

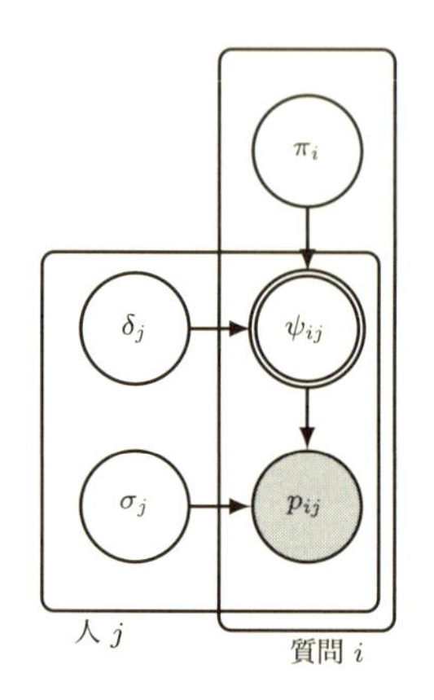

$$\pi_i \sim \text{Uniform}(0, 1)$$
$$\delta_j \sim \text{Beta}(5, 1)$$
$$\psi_{ij} = \delta_j \log\left(\frac{\pi_j}{1-\pi_i}\right)$$
$$\sigma_j \sim \text{Uniform}(0, 1)$$
$$p_{ij} \sim \text{Normal}\left(\frac{\exp(\psi_{ij})}{1+\exp(\psi_{ij})}, \frac{1}{\sigma_j^2}\right)$$

本論文では複数の質問文 (例えば「世界で英語を第一言語として話している人の人口比率は何パーセントでしょうか」や「前半を終えて 1-0 でリードしているチームが勝つ確率はどれくらいでしょうか」) を用いて，人間が総合的に確率推定を行う過程を認知モデルとして構築している．

π_i は i 番目の質問について仮定される潜在的な真の確率であり，実際には観測されない連続変量である．π_i は j 番目の回答者についての母数 δ_j によって ψ_{ij} となるように調整 (キャリブレーション) される．この調整値は，最終的に回答者の専門的知識の程度を表す母数 σ_j に準じた観測推定確率 p_{ij} を生成する．Lee and Danileiko は，これらの推定値は認識された確率 ψ_{ij} に基づいて中心化され，かつ標準偏差 σ_j をもつ正規分布から生成されていると仮定している．

σ_j は回答者 j 個人の正確さを表しており，これはすべての質問項目において等しいものと仮定されている．このことから，母数 σ_j は j 番目の回答者が有する固有の専門性，あるいは知識のレベルを表現している．つまり，より小さな σ_j は，回答者 j がより多くの知識を有していることを意味する．データは j 番目の参加者の i 番目の質問についての確率推定値 p_{ij} の形式で得られる．ここで，p_{ij} は連続変量として観測される．

この認知モデルは観測された，仮定される潜在的な知識からの振る舞いの生成過程を記述している．本モデルは，潜在的な真の確率をよく近似するような，個人の確率推定の振る舞いについて，個人間で非線形的に平均化する方法と捉えることができる．

Lee and Danileiko によると，本モデルにおいて重要な点は，試行において質問の答えを提供しないこととされている．これは，質問の真の確率と回答者の専門知識という潜在的な母数は，データ生成過程を説明する際にモデル内で独立しているということを意味している．

プレート表現は 2 つの心理的な過程によって，潜在的な真の確率が個人内で観測データへと変換される過程を表している．まず，第 1 過程では潜在的確率 π_i はキャリブレーション関数 (calibration function) に従い変換される．ψ_{ij} は δ_j と π_i の関数であるため，二重丸の生成量ノードとして表現される．確率の過大あるいは過少推定の範囲は δ_j の事前分布によって調整される．Lee and Danileiko は先行研究に基づき，ベータ分布を選択し，大きな δ_j の値に最大の重みを与えるように $\mathrm{Beta}(5, 1)$ としている．これは潜在確率が劇的に変化しないことを意味している．

第 2 過程では，推定値 p_{ij} を正規分布から生成する．ここで平均はキャリブレートされた確率 ψ_{ij} の対数オッズ尺度 $\exp(\psi_{ij})/(1+\exp(\psi_{ij}))$ として再表現される．j 番目の参加者についての正規分布の標準偏差 σ_j は単純な弱い情報を与える事前分布として $\mathrm{Uniform}(0, 1)$ が仮定されている．

潜在的な真の確率 π_i はキャリブレーションの程度を表す δ_j と参加者の専門知識に関わる σ_j の作用を受けて，観測データ p_{ij} へと変換される．

Lee and Danileiko によると，本モデルは階層的キャリブレート後平均化 (hierarchical calibrate then average, HCA (Turner et al., 2013[*12])) と関連しているが，重要な違いがいくつかあるとされる．HCA モデルは，確率的事象の 2 値の結果を扱っている (例えば,「どちらのサッカーチームが実際に勝ちましたか？」)．しかし，Lee and Danileiko のモデルでは当該事象の確率そのものを扱う (「チームが勝つ潜在確率はどれくらいですか」)．また，HCA モデルは，真の確率の表現について個々人の差異を利用していない．

さらに，HCA モデルでは 2 値の結果を観測し，予測するようにデザインされており，交差検証によってモデル評価が行われている．対して，本論文でのモデルは実際の確率を提示しない．機械学習の観点からは，本モデルは完全な教師なしモデルであり，それゆえ，アプリオリかつ心理学的に尤もらしい分布を特定する必要があるとしている．

[*12] Turner, B. M., Steyvers, M., Merkle, E. C., Budescu, D. V. and Wallsten, T. S. (2013). Forecast aggregation via recalibration. *Machine Learning*, **95**(3), 261-289.

18.10 ベイジアン認知モデルにおける 3 つのケーススタディ

【出典】 Lee, M. D. (2008). Three case studies in the Bayesian analysis of cognitive models. *Psychonomic Bulletin & Review*, **15**(1), 1-15.

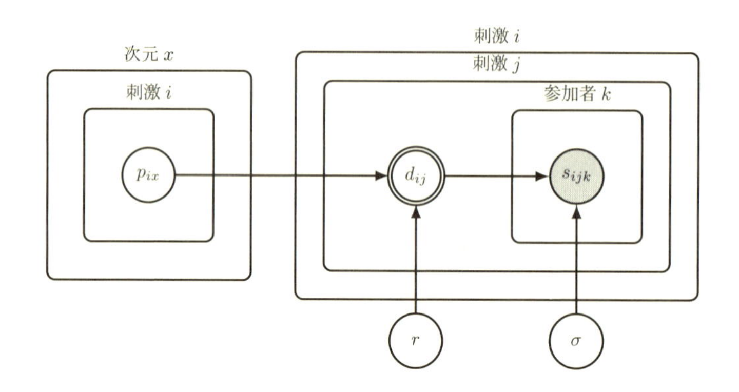

$$d_{ij} = \left[\sum_{x=1}^{D} |p_{ix} - p_{jx}|^r\right]^{1/r} \qquad p_{ix} \sim \text{Uniform}(-\delta, \delta)$$

$$r \sim \text{Uniform}(0, 2) \qquad s_{ijk} \sim \text{Normal}(\exp\{-d_{ij}\}, \sigma)$$

$$\sigma^2 \sim \text{InvGamma}(\epsilon, \epsilon)$$

この論文では，心理学の認知モデルとして用いられる多次元尺度法，GCM (generalized context model)，信号検出理論をベイズモデルで表現し，その有用性を検証している．ここでは，その中の多次元尺度法の分析を取り上げる．

多次元尺度法は与えられた刺激 i と j について，非類似度 d_{ij} を求めることで，刺激 i と j がどれくらい似通っているかを 2 次元空間上に布置して表現する分析手法である．Lee によると，歴史的には，知能や学力，物理的刺激に対する判断を 1 次元に位置づける心理学的尺度構成法の研究がサーストン (Thurstone, L. L) によって 20 世紀前半に進められ，Richardson (1938) [*13] や Young and Householder (1938) [*14] らの研究によってさらなる発展を遂げ，現在の多次元尺度法に至る．多次元尺度法のデータには，刺激に関する多変量データを用いる場合と実験参加者による刺激間の類似度の評定データを用いる場合とがあり，この論文では後者が分析の対象となっている．具体的には，

---

*13) Richardson, M. W. (1938). Multidimentional Psychophysics. *Psychological Bulletin*, **35**, 659. (Abstract).

*14) Young, G. and Householder, A. S. (1938). Discussion of a set of points in terms of their mutual distances. *Psychometrika*, **3**, 19-22.

Krusche (1993) *15)，Treat et al. (1999)*16)，Helm (1959) *17) の 3 つの先行研究のデータに対してベイズモデルで表現された多次元尺度法を適用している．

Krushche (1993) では，高さが違う 4 種類の長方形の中に同じ長さの線分を右寄り，もしくは左寄りに配置することで計 8 種類の刺激を用意し，その中から 2 つずつの組み合わせを参加者に提示している．Treat et al. (1999) では，角度の違った線分が円周上から外側に伸びた大きさの違う円を刺激としており，3×3 の実験デザインとなっている．Helm (1959) では，10 種類のスペクトラル色の組み合わせを刺激ペアとして提示し，参加者に類似度を評価させている．3 つの研究に共通して，刺激ペアの類似度は 0 から 1 の間で評価されている．

Lee によると，多次元尺度法において，それぞれの刺激は心理学的な多次元空間上に座標をもつことが仮定される．刺激間の非類似度 d_{ij} は，次元 x における刺激 i の座標 p_{ix} と刺激 j の座標 p_{jx} の差の絶対値を用いて，$d_{ij} = [\sum_{x=1}^{D} |p_{ix} - p_{jx}|^r]^{1/r}$ と表される．ここで，D は刺激を特徴付ける次元数であり，Krushche (1993) では，長方形の高さと線分の位置で $D = 2$ の次元数が考えられる．d_{ij} で構成された距離行列は多次元空間上の距離を 2 次元空間上に相対的に布置する．d_{ij} の表現はミンコフスキー計量と呼ばれ，$r = 1$ のときにはマンハッタン距離，$r = 2$ のときにはユークリッド距離となる．最適な r の値は扱う刺激によって違うことが知られており，この論文では，前述の 3 つの先行研究における妥当な r の値をそれぞれ推定することを目的としている．p_{ix} には定義域 $(-\delta, \delta)$ を十分に広げた一様分布が仮定され，r には，先行研究より区間 $(0, 2)$ の一様分布が事前分布として仮定されている．

Lee のプレート表現における s_{ijk} は参加者 k における刺激 i と j の類似度の評価データを表す．s_{ijk} には平均 $\exp\{-d_{ij}\}$，標準偏差 σ の正規分布が仮定され，参加者間の散らばりがモデル化されている．ここで，平均 $\exp\{-d_{ij}\}$ には Shepard (1987) *18) における，低次元の認知刺激モデルにおいて評定データの値は非類似度が増加したとき指数関数的に減衰するという知見が反映されている．分散 σ^2 には $\epsilon = 0.001$ の逆ガンマ分布が無情報事前分布として仮定されている．

---

*15) Krusche, J. K. (1993). Human category learning: Implications for backpropagation models. *Connection Science*, **15**, 3-36.

*16) Treat, T. A., Mackay, D. B. and Nosofsky, R. M. (1999). *Probabilistic scaling: Basic research and clinical applications.* 32nd Annual Meeting of the Society for Mathematical Psychology, Santa Cruz, CA.

*17) Helm, C. E. (1959). *A multidimensional ratio scaling analysis of color relations.* Princeton, NJ; Princeton University and Educational Testing Service.

*18) Shepard, R. N. (1987). Toward a universal law of generalization for psychological science. *Science*, **237**, 1317-1323.

18.11 数概念発達における知識レベル行動のモデル

【出典】 Michael D. L. and Barbara W. S. (2010). Amodel of Knower-Level Behavior in Number Concept Development. *Cognitive Science*, **34**, 51-67.

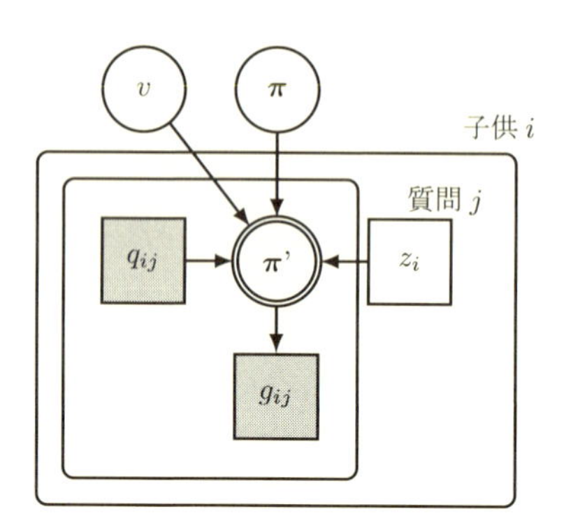

$$\boldsymbol{\pi} \sim \text{Dirichlet}(1, ..., 1)$$

$$z_i \sim \text{Categorical}(\frac{1}{6}, ..., \frac{1}{6})$$

$$v \sim \text{Uniform}(1, 1000)$$

$$\boldsymbol{\pi}'_{ijk} \propto \begin{cases} \pi_k & q_{ij} > z_i \\ v \times \pi_{ijk} & q_{ij} \leq z_i < CP \text{ かつ } \quad k = q_{ij} \\ \frac{1}{v} \times \pi_{ijk} & q_{ij} \leq z_i < CP \text{ かつ } \quad k \neq q_{ij} \\ v \times \pi_{ijk} & z_i = CP \text{ かつ } \quad k = q_{ij} \\ \frac{1}{v} \times \pi_{ijk} & z_i = CP \text{ かつ } \quad k \neq q_{ij} \end{cases}$$

$$g_{ij} \sim \text{Categorical}(\boldsymbol{\pi}')$$

本論文で Michael らは，幼児の数概念の発達に関する測定を扱っている．幼児の数概念は，1 から 3 ないしは 4 までと，それ以上の数で学習のされ方が異なるとされており，Carey (2001*19), 2004*20)) や Carey and Sernecka (2006)*21) では，1 から 4 までは段階的に 1 つひとつ学習され，それ以上の数については帰納的に一度に学習されるとさ

*19) Carey, S. (2001). Evolutionary and ontogenetic foundations of arithmetic. *Mind and Language*, **16**(1), 37-55.

*20) Carey, S. (2004). Bootstrapping and the origins of concepts. *Daedalus*, **133**(1), 59-68.

*21) Carey, S. and Sarnecka, B. W. (2006). The development of human conceptual representations. In M. Johnson and Y. Munakata (Eds.), *Processes of Change in Brain*

れている．こうした幼児の数概念を測定する方法に Give-n 課題がある．Give-n 課題とは，いくつかのおもちゃを幼児の前に提示し，実験者が「おもちゃを〜個ちょうだい」と言った際に，何個のおもちゃを渡すかという課題である．この課題によって，幼児がどこまでの数を知っているかという数の知識を測ることが可能である．このとき，2 と言われた際に 2 個のおもちゃを渡すだけではなく，そのほかの数を問われた際には 2 個のおもちゃを渡さない場合に，2 を理解しているとする．

ここで Michael らは，Give-n 課題に対する反応を，ベースレート，指示，信念の更新，行動の 4 つの段階に分けている．1 つめの段階であるベースレートは，各幼児が元々持っている各数を渡す確率を示している．そのベースレートが，実験者の指示により，更新され，行動となり，Give-n 課題の結果として得られるとされている．

Michael らは，Sarnecka and Lee (2009)*22) で示されたデータを使用して分析を行っている．母語が英語であり，1 から 10 までを正確に言え，さらに 2 歳から 4 歳までの 82 人の幼児を対象としている．

プレート図において，q_{ij} は，i 人目の幼児の j 番目の課題で幼児に要求した数を表している．g_{ij} は，その課題に対して，幼児 i が渡したおもちゃの数を表している．$\boldsymbol{\pi}$ は幼児のベースレート (各数を渡す確率) を表しており，課題として与えられた数，その幼児の数知識によって $\boldsymbol{\pi}'$ へ更新される．v は更新された強さを表ししている．z_i は，幼児の知識レベルを表しており，1 つも知らない，1 まで知っている，2 まで知っている，3 まで知っている，4 まで知っている，15 まで知っている (CP) の 6 カテゴリを表している．$\boldsymbol{\pi}$ には，ディリクレ分布を仮定し，z_i には，多項分布を仮定している．また，v には，十分に幅をもたせた一様分布を仮定している．$\boldsymbol{\pi}'_{ijk}$ では，更新のルールを定義している．質問 q で問われた数字 k が幼児の知識レベル z_i よりも大きい数である場合には，$\boldsymbol{\pi}_k$ が更新されず維持される．質問で問われた数字が幼児の知識レベル z_i よりも小さい場合は，その数が問われた場合には，強度 v 倍で更新され，問われなかった場合には，強度 $1/v$ で更新される．

分析の結果，個々の数を聞く前聞かれる前の，子どもが各数を渡す確率を表すベースレートは 5 以下の数，もしくは 15 で高くなっていた．また，各幼児の知識レベルを表す z_i の事後分布は，89%の幼児が，いずれかのカテゴリに高い確率で割り振られていることが Michael らによって確認された．

---

and Cognitive Development: Attention and Performance XXI(pp.473-496). Academic Press.

*22) Sarnecka, B. W. and Lee, M. D. (2009). Levels of number kowledge in early childhood. *Journal of Experimental Child Psychology*, **103**(3), 325-337.

18.12　ノイズの多いソーシャルアノテーションデータのモデル化とその適用

【出典】 Iwata, T., Yamada, T. and Ueda, N. (2013). Modeling noisy annotated data with application to social annotation. *IEEE Transactions on Knowledge and Data Engineering*, **25**(7), 1601-1613.

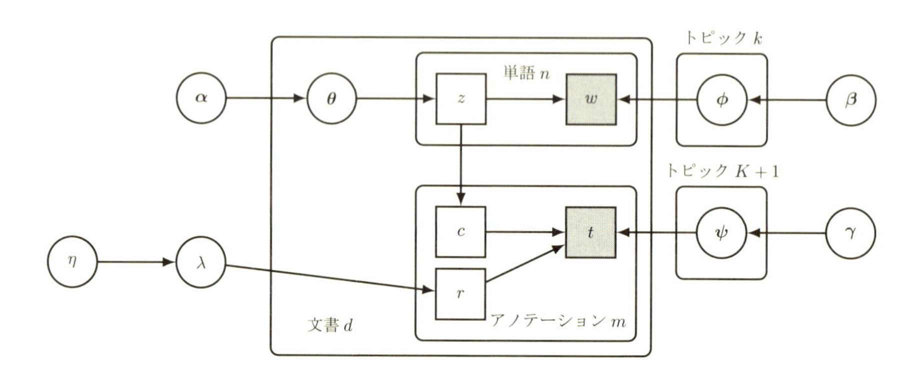

$$
\begin{aligned}
&\lambda \sim \mathrm{Beta}(\eta) && z_{dn} \sim \mathrm{Multinomial}(\boldsymbol{\theta}_d)\\
&\boldsymbol{\psi}_0 \sim \mathrm{Dirichlet}(\boldsymbol{\gamma}) && w_{dn} \sim \mathrm{Multinomial}(\boldsymbol{\phi}_{z_{dn}})\\
&\boldsymbol{\phi}_k \sim \mathrm{Dirichlet}(\boldsymbol{\beta}) && c_{dm} \sim \mathrm{Multinomial}(\{\tfrac{N_{kd}}{N_d}\}_{k=1}^{K})\\
&\boldsymbol{\psi}_k \sim \mathrm{Dirichlet}(\boldsymbol{\gamma}) && r_{dm} \sim \mathrm{Bernoulli}(\lambda)\\
&\boldsymbol{\theta}_d \sim \mathrm{Dirichlet}(\boldsymbol{\alpha}) && t_{dm} \sim \begin{cases}\mathrm{Multinomial}(\boldsymbol{\psi}_0) & r_{dm}=0\\ \mathrm{Multinomial}(\boldsymbol{\psi}_{c_{dm}}) & \text{それ以外}\end{cases}
\end{aligned}
$$

この論文では，確率的トピックモデルの応用として，ソーシャルアノテーションデータを分析するための Noisy Annotation Topic Model (NATM) を提案している．ソーシャルアノテーションデータとは，ソーシャルブックマークサービスや，動画・写真等の共有サイトのようなフォークソノミーに基づくサービスによって得られる，Web 上のコンテンツに複数のタグ付けがなされたデータのことを指す．Iwata らは，コンテンツに付されたタグのことをアノテーションと呼んでいる．

Iwata らによると，ソーシャルアノテーションデータに確率的トピックモデルを適用し，自動文書分類や画像認識を行う場合には，コンテンツの内容そのものとは関係のないアノテーションはノイズと見なされるという．写真共有サイトで，その被写体に関する情報の他に，“nikon”(どのメーカーのカメラを利用して撮影したか) や，“november”(いつ撮影したか) といったアノテーションが付された場合，これらは画像認識においてはノイズデータとなる，という例が挙げられている．Iwata らは，このようにノイズを多く含み得るソーシャルアノテーションデータに対して，コンテンツの内容に関連するアノテーションのみを抽出して効率よく分析するために NATM を開発した．

NATM では，コンテンツに含まれる単語 $\boldsymbol{w}$ と，そのコンテンツにタグ付けされたアノテーション $\boldsymbol{t}$ との組み合わせとして各文書を表現している．すなわち，全文書数を D とするとき，$d\ (=1,\ldots,D)$ 番目の文書は $(\boldsymbol{w}_d, \boldsymbol{t}_d)$ と表される．さらに，文書 $d\ (=1,\ldots,D)$ に含まれる単語の総数を N_d，アノテーションの総数を M_d とすると，各文書を構成する単語とアノテーションはそれぞれ $\boldsymbol{w}_d = \{w_{d1},\ldots,w_{dn},\ldots,w_{dN_d}\}$ と $\boldsymbol{t}_d = \{t_{d1},\ldots,t_{dm},\ldots,t_{dM_d}\}$ である．ここで，全文書に含まれる単語の種類を W，アノテーションの種類を T で表すと，$w_{dn} \in \{1,\ldots,W\}$，$t_{dn} \in \{1,\ldots,T\}$ である．また，コンテンツに関係のあるトピックが全部で K 個あると仮定すると，文書 d の任意の単語 w_{dn} に対応するトピックは潜在変数 $z_{dn} \in \{1,\ldots,K\}$ によって表される．同様に，文書 d の任意のアノテーション t_{dm} に対応するトピックは $c_{dm} \in \{1,\ldots,K\}$ と表現される．

NATM は，最初にコンテンツに直接含まれる単語が生成され，続いて対応するアノテーションが生成される過程をモデル化している．このとき，単語の生成過程では，通常のトピックモデルと同様に潜在ディリクレ配分 (latent Dirichlet allocation) を仮定している．母数 $\boldsymbol{\alpha}$ のディリクレ分布に従って，文書ごとに異なるトピック分布 $\boldsymbol{\theta}_d$ が決定され，そのトピック分布に応じて文書 d の各単語について潜在的なトピック z_{dn} が選択される．さらに，トピックごとに異なる単語分布 $\boldsymbol{\phi}_{z_{dn}}$ に応じて文書 d の各単語 w_{dn} が生成されるとする．

次に，アノテーションの生成においては，文書 d の 1 つひとつのアノテーションについてコンテンツとの関係の有無を判定するために，離散潜在変数 r_{dm} を導入している．r_{dm} の事前分布としては母数 λ のベルヌイ分布を仮定し，$r_{dm}=1$ ならば t_{dm} がコンテンツの内容と関係あると判断し，K 個のトピックごとに異なるアノテーション分布 $\boldsymbol{\psi}_{c_{dm}}$ に応じて文書 d の各アノテーション t_{dm} が生成されると考える．ただし，c_{dm} は，単語の生成過程ですでに得られている文書 d に関するトピック $\boldsymbol{z}_d = \{z_{d1},\ldots,z_{dn},\ldots,z_{dN_d}\}$ の中からサンプリングされる．よって，文書 d において k 番目のトピックに割り当てられた単語の数を N_{kd} とするとき，c_{dm} は，$c_{dm}=k$ となる確率が N_{kd}/N_d であるような多項分布に従うと仮定する．一方で，$r_{dm}=0$ ならば t_{dm} はコンテンツの内容とは関係ないと判断し，トピックに対応したアノテーション分布とはまったく異なる，母数 $\boldsymbol{\psi}_0$ の多項分布からそのアノテーションは生成される．

18.13 その名前にはどんな意味があるのか —名前文字効果の階層的ベイズ分析—

【出典】 Dyjas, O., Grasman, R. P., Wetzels, R., van der Maas, H. L. J. and Wagenmakers, E-J. (2012). What's in a name: A Bayesian hierarchical analysis of the name-letter effect. *Pront*, **25**(7), 1601-1613.

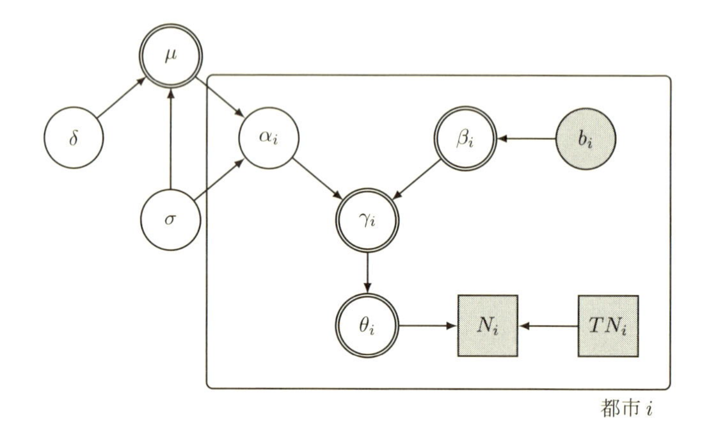

$$N_i \sim \text{Binomial}(\theta_i, TN_i) \qquad \theta_i = \Phi(\gamma_i)$$
$$\gamma_i = \beta_i + \alpha_i \qquad \beta = \Phi^{-1}(b_i)$$
$$\alpha_i \sim \text{Normal}(\mu, \sigma) \qquad \mu = \delta \times \sigma$$
$$\delta \sim \text{Normal}(0, 1) \qquad \sigma \sim \text{Uniform}(0, 10)$$

Louis 氏は St.Louis という町に住むことに魅力を感じるだろうか．また，Denise 氏は歯医者 (dentist) という職業に興味をもつだろうか．このように，人の名前が，暗黙のうちに人生の大きな選択に影響を与えているだろうかということに関して，多くの研究が社会心理学者によって行われてきた．例えば，Pelham et al. (2002)[*23)] では人が自分の名前に似た都市や州に住む傾向があるかどうかに関する調査が，Anseel and Duyck (2008)[*24)] では人の名前がその人の勤める会社と関係があるかどうかに関する調査が行われている．

*23) Pelham, B. W., Mirenberg, M. C. and Jones, J. T. (2002). Why Susie sells seashells by the seashore: implicit egotism and major life decisions. *Journal of Personality and Social Psychology*, **82**, 469-487.

*24) Anseel, F. and Duyck, W. (2008). Unconscious applications: a systematic test of the name-letter effect, *Psychological Science*, **19**, 1059-1061.

Pelham et al. (2002) は，この現象を潜在的な利己主義 (implicit egotism) によって説明を行っている．つまり，人は自分自身に対してポジティブな感情を抱き，その感情が自身と関連する場所やイベントや対象に無意識のうちに結びつけられると考えられている．Pelham らの説明は，人が自分の名前の文字を他のアルファベットよりも好む傾向にあることを初めて発表した Nuttin (1985)*25) の研究結果とも一致しており，Nuttin (1985) ではこの現象のことを name-letter effect (NLE) と呼んでいる．

上述の Pelham et al. (2002) では，Saint で始まる都市に注目し (例えば，Saint Paul や Saint Louis など)，同じ名前をもつ人はその都市に対して魅力を感じる (その都市に住むだろう) と考え，統計データを利用した分析を行っている．この仮説を確かめるために，例えば，Saint Paul という都市で亡くなった Paul 氏の比率と，全米で亡くなった Paul 氏の比率を比較し，比率に差が見られるかを検討している．本研究では，Pelham et al. (2002) の研究をもとに，階層ベイズモデルを利用して，全米における当該の名前の比率とその都市における当該の名前の比率を比較し，当該の名前の比率が高いかどうかについて検討を行った．

27 の都市に関して，都市 i $(i = 1, \cdots, 27)$ で亡くなった名前 i の人数を N_i，都市 i で亡くなった人数を TN_i とし，N_i が母比率 θ_i をもつ二項分布に従うと仮定する．ここで，全米で亡くなった名前 i の比率を b_i とし，この b_i をベースラインとして，実際に都市 i に関して NLE が存在するかを両者の差 $\theta_i - b_i$ により考察する．ただし，θ_i と b_i は 0 から 1 までの値をとる比率であり線形モデルとして扱いにくいため，プロビット変換を施して $\theta_i = \Phi(\gamma_i)$，$b_i = \Phi(\beta_i)$ を用いて，γ_i に関するモデル化を行う．ここで，名前 i の NLE を α_i と表し，α_i が平均 μ，分散 σ^2 の正規分布に従うと仮定する．そして，都市 i に関する比率 $\gamma_i(\theta_i)$ を，ベースラインの $\beta_i(b_i)$ と NLE の α_i を用いて，$\gamma_i = \alpha_i + \beta_i$ と定式化する．なお，σ には一様分布を，δ には標準正規分布を仮定する．また，δ に関して 3 つの仮説 $H_0 : \delta = 0$，$H_1 : \delta \neq 0$，$H_2 : \delta > 0$ を立てて，ベイズファクターを利用した仮説の検証も行っている．

分析の結果，Saint Henry における NLE が明らかにゼロより大きく，Henry 氏という名前の人は，Saint Henry で亡くなる割合が，全米の割合よりも高いことがわかった．

*25) Nuttin, J. M. Jr. (1985). Narcissism beyond Gestalt and awareness: the name letter effect. *European Journal of Social Psychology*, **15**, 353-361.

18.14 警告信号は魅惑的—ドクチョウの外見が威嚇・誘惑行動に与える相対寄与—

【出典】 Finkbeiner, S. D., Briscoe, A. D. and Reed, R. D. (2014). Warning signals are seductive: Relative contributions of color and pattern to predator avoidance and mate attraction in *Heliconius* butterflies. *Evolution*, **68**(12), 3410-3420.

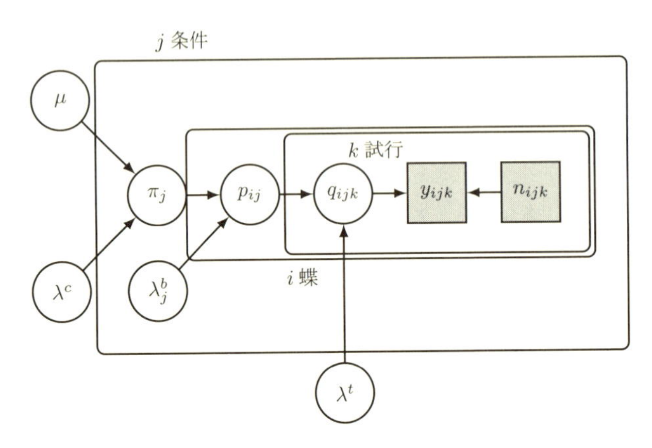

$$\mu \sim \mathrm{Uniform}(0,1) \qquad \lambda^c \sim \mathrm{Uniform}(1,200)$$
$$\pi_j \sim \mathrm{Beta}(\mu\lambda^c, (1-\mu)\lambda^c) \qquad \lambda_j^b \sim \mathrm{Uniform}(1,200)$$
$$p_{ij} \sim \mathrm{Beta}(\pi_j\lambda_j^b, (1-\pi_j)\lambda_j^b) \qquad \lambda^t \sim \mathrm{Uniform}(1,200)$$
$$q_{ijk} \sim \mathrm{Beta}(p_{ij}\lambda^t, (1-p_{ij})\lambda^t) \qquad y_{ijk} \sim \mathrm{Binomial}(q_{ijk}, n_{ijk})$$

本研究ではドクチョウ (*Heliconius* butterflies) という，蝶の一種を研究対象にしている．Finkbeiner らはこのドクチョウ (以下蝶とする) がもつ異なる外見特徴が，外敵に対する警告と配偶者選択の両方において，どのように貢献しているのかを検討している．本研究で扱っている 2 つの実験のうち，本稿では配偶者選択の実験データに対して二項分布の階層モデルを適用している箇所について説明する．

Finkbeiner らは配偶者選択の実験において，51 匹のオスの蝶に，異なる特徴の羽をもつ蝶の模型を 2 つずつ見せ，行動を検証している．模型は 1) 同一表現型，2) 2 つの模様の色を交換したもの，3) 無色のもの，4) 同一表現型と模様の形が異なるもの，の 4 種類 (図参照．図は論文の情報をもとに筆者が作成した．) で，同一表現型と他の 3 つのどれかの組み合わせを蝶に見せる．この組み合わせが条件になっており，実験は 51 匹のうち 47 匹には 1 匹につき 9 試行 (3 試行 ×3 条件) 行われ，残り 4 匹にはそれよりも少ない試行で行っている．

Finkbeiner らによると，i 番目の蝶が条件 j 内の試行 k でとったすべての求愛行動

行動の種類	同一表現型 μ	色交換 $1-\pi_1$	無色 $1-\pi_2$	模様が異なる $1-\pi_3$
接近行動	0.739	0.243	0.086	0.422
直接的な求愛行動	0.814	0.173	0.034	0.324

数 n_{ijk} と同一表現型を選んだ数 y_{ijk} が観測データである．この y_{ijk} が総求愛行動数 n_{ijk} と同一表現型選択率 q_{ijk} の二項分布に従うとされている．また母数 q_{ijk} は蝶，条件，条件内の試行によって異なるベータ分布に従うとされている．Finkbeiner らがベータ分布を選択した理由は 1) 他の 3 種類の模型よりも同一表現型を選択する傾向，2) 同条件における個体差，3) 同条件，同個体における試行間のばらつき，の 3 つを考慮に入れるためである．

具体的には，まず他の 3 種類に比べ同一表現型が選択される確率 μ と条件間のばらつき λ^c がそれぞれ異なる一様分布に従っている．この 2 母数から生成された母数 $\mu\lambda^c$，$(1-\mu)\lambda^c$ のベータ分布に条件 j のときの選択率 π_j が従う．同様に π_j と個体間のばらつき λ^b から条件 j，個体 i のときの選択率 p_{ij} を，p_{ij} と試行ごとのばらつき λ^t から q_{ijk} を生成している．

本実験で Finkbeiner らは模型への接近行動と直接的な求愛行動を分けて観察し，両方の観察データに対して同じ二項分布の階層モデルを独立に当てはめている．模型ごとに接近行動を行う相手に選んだ確率と，直接的な求愛行動を行う相手に選んだ確率を推定した結果を表に示す [*26]．π_j は条件 j のときの同一表現型選択率のため，$1-\pi_j$ で模型ごとの選択率を求めている．推定結果より，接近行動と直接的な求愛行動の両方において，同一表現型選択率が 0.739 と 0.814 であり，他の模型よりも高い値を示していた．加えて無色の模型の選択率が 0.086，0.173 と最も低かった．そのため Finkbeiner らは 1) 同一表現型が最も求愛行動を引き起こすこと，2) 着色されていることが求愛行動のトリガーであることを結論付けている．

[*26] 元論文より結果を抜粋している．

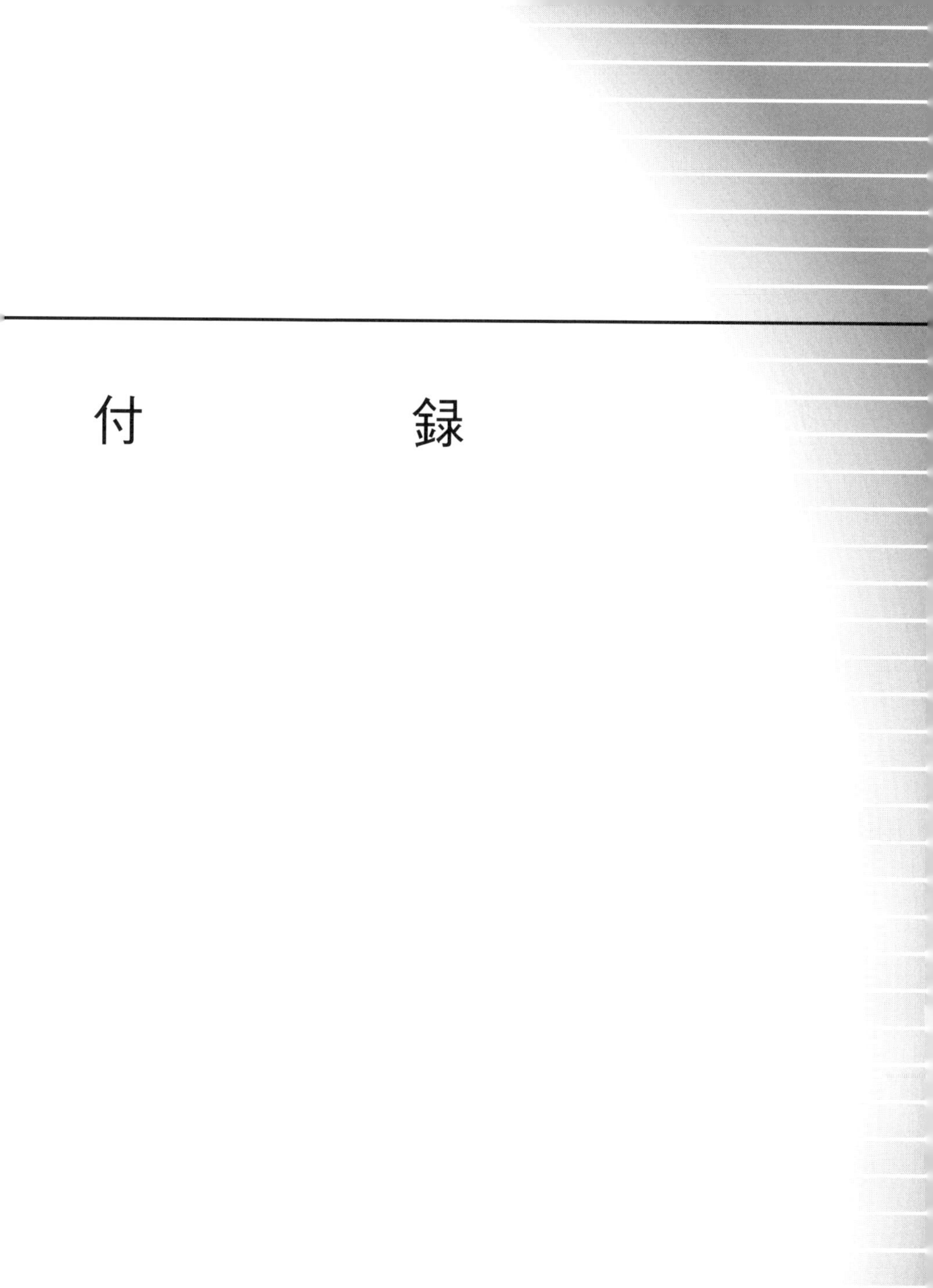

付　　録

A プレート表現の見方

■ ■ ■

ベイジアンモデリングにおいて，具体的なモデルは数式を用いて表現されます．しかしモデルが複雑になってくると，母数や変数間の繋がりの把握が難しくなります．このときプレート表現 (plate notation) と呼ばれる方法によってモデルを図示することで，データ生成過程を視覚的に把握しやすくなります．プレート表現はグラフィカルモデル (graphical model) とも呼ばれます．プレート表現では，ノード (node) と呼ばれる記号によって変数を表し，ノード間を矢印で繋ぐことで，データの生成過程を表現します．また，プレートと呼ばれる角が丸い長方形によってノードのまとまりを表します．本書では，変数の状態に合わせてノードを下記の表および図 A.1 のように表現します．

モデル表現例　項目に対する正誤 2 値データに対してベルヌイ分布を仮定し，さらにベルヌイ分布の正答確率がロジスティック関数を通じて生成されるモデルを考えます．これは項目反応理論における 1 母数ロジスティックモデルに相当します．モデルの数式による表現が (A.1) 式から (A.4) 式に当たります．ここでは

ノード	変数の状態	使用例
○	連続的かつ潜在的な変数	連続的な母数：正規分布の平均
□	離散的かつ潜在的な変数	離散的な母数：トピックモデルにおけるトピック
●	連続的かつ顕在的な変数	連続的なデータ (時間や金額)
■	離散的かつ顕在的な変数	離散的なデータ (状態や順序データ)
◎	連続的かつ生成量	モデル中で変数の状態に応じて生成される連続量：例えば確率．生成後，母数として用いられる場合もある．
⧈	離散的かつ生成量	モデル中で変数の状態に応じて生成される指示変数の値．生成後，母数として用いられる場合もある．

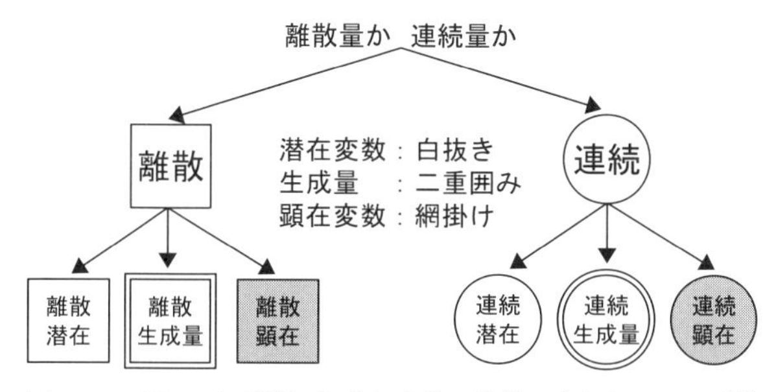

図 **A.1**　プレート表現における変数の状態に応じたノード形状

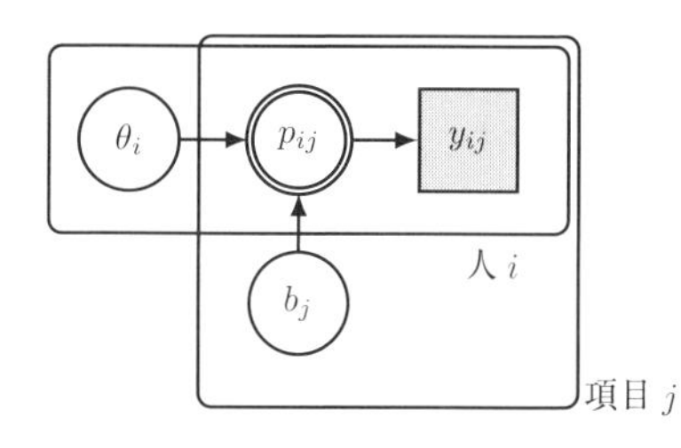

$$b_j \sim \mathrm{Normal}(0, 2) \tag{A.1}$$

$$\theta_i \sim \mathrm{Normal}(0, 1) \tag{A.2}$$

$$p_{ij} = \frac{1}{1 + \exp(\theta_i - b_j)} \tag{A.3}$$

$$y_{ij} \sim \mathrm{Bernoulli}(p_{ij}) \tag{A.4}$$

(A.4) 式から数式を遡りつつ，プレート表現を確認していきます．

まず，回答者 i の項目 j に対するデータ y_{ij} は離散的な 0–1 変数であるため，四角ノードかつ網掛けが施されています．y_{ij} の背後には母数 p_{ij} をもつベルヌイ分布が仮定されています．

次に p_{ij} は項目 j に関する母数 b_j と回答者 i に関する母数 θ_i をもつロジスティック関数を通じて生成されます．p_{ij} は連続的な生成量であるため二重丸ノードで表現されます．生成量は数式上ではイコール (=) で表されていることに注意してください [*1]．

最後に，(A.3) 式中の母数 b_j，θ_i は潜在的な連続変数であるため，白抜きの丸ノードで表されます．ここで，事前分布として仮定されている正規分布の母数はプレート表現中に現れない点に注意してください．もしこれらの正規分布の平均や分散を未知母数として表す場合には，さらに対応するノードが追加されます．

各ノード内には対応する変数名が記されています．ノード間はデータ生成過程における関係を考慮した矢印で繋がりが示されています．また，変数間の添え字に応じて，角が丸い四角 (プレート) でノードが囲まれます．プレートは Stan コード中での `for` 文処理に対応しています．

[*1] 文献によっては数式上で矢印を用いて，$p_{ij} \leftarrow \frac{1}{1+\exp(\theta_i - b_j)}$ と表す場合もあります．

B　モデル選択規準

■ ■ ■

モデル構成 (モデリング) は，データが生成されるメカニズムを表現するために，分析者の知識や経験を生かすことのできる，非常に重要な活動です．モデリングでは一般に複数の数理モデルが考えられます．例えば回帰分析モデルにおいてある変数を投入するかどうかは，それぞれ別のモデルを構成して比較することと捉えられます．これら構成モデルの有効性をモデルの有意性検定によって調べることも可能ですが，検定のみでどちらがよりデータ生成メカニズムを近似できているかを比較することはできません．**情報量規準**は候補モデルが未来のデータをどれだけ精度よく予測できるかという観点から，モデルを選択するための規準を与えます [*1)]．本章では，ベイジアンモデルの選択に利用可能な情報量規準 WAIC (Watanabe, 2010) を，Gelman et al. (2013) の議論に基づいて導入します．

B.1　モデルの選択

いま，y が春学期の成績を，x が秋学期の成績を表しているものとします．春学期の成績から秋学期の成績を予測したいとき，最も単純な予測モデル候補 $f(x|\theta)$ として，以下のような線形構造による予測が考えられます．

$$\text{秋の成績} \sim \text{Normal}(\mu_i, \kappa), \ \ \mu_i = \text{切片} + \alpha \times \text{春の成績}_i, \quad i = 1, \cdots, N$$

上記モデルでは，秋の成績を春の成績のみで予測しようとしています．ここで，予測するための変数として前年の秋の成績も用いたほうが，よりよい予測結果を得られるのではないかと考えることは自然な発想でしょう．さらに言えば，(可能であれば) それ以前の成績や，日々の勉強時間や食生活等の生活習慣についても変数として投入すれば，もっとよい予測が得られるかもしれません．

しかし，本当にこれらの変数を用いたモデルは，用いない場合と比べて，より

---

*1) 情報量規準は様々な定義が提案されており，すべての規準が予測の観点から候補モデルを比較するわけではありませんが，本章で扱う規準はこの観点から定式化されています．

よい予測結果をもたらしてくれるのでしょうか．どのように予測の良さを比べればよいのでしょうか．こうした疑問に答えるために，比較のための参照規準が提案されています．

B.2 情報量規準

B.2.1 真のデータ生成分布と候補モデルの比較 (カルバック–ライブラー情報量)

予測的な観点からモデルの良さを捉える指標の1つとして，母数θをもつ候補モデル$f(x)=f(x|\theta)$がデータ生成分布$q(x)$にどれだけ近いかを評価することが考えられます[*2)]．Kullback and Leibler (1951) は2つの確率分布間の差異[*3)]を測る指標として，カルバック–ライブラー情報量 (Kullback–Leibler divergence)

$$\mathcal{D}(f;q)=E_q\left[\log\frac{q(x)}{f(x)}\right]=\int_{-\infty}^{\infty}q(x)\log\frac{q(x)}{f(x)}dx\geq 0 \tag{B.1}$$

を提案しました．E_q はデータ生成分布に関して期待値をとることを表しています．(B.1) 式は非負の値をとり，$\mathcal{D}(f;q)=0$ のとき，2つの分布間に差はなく，同一分布であると解釈できます．カルバック–ライブラー情報量はデータ生成分布から生成されるデータを，候補モデル$f(x|\theta)$で予測した場合の，予測の平均的な良さを評価しています．

B.2.2 赤池情報量規準

経験的，理論的見地から同じデータ生成分布について尤もらしい候補モデルが複数考えられる場合，カルバック–ライブラー情報量を用いればよいと思われるでしょう．しかし，人文科学諸分野においては，カルバック–ライブラー情報量を用いることはできません．それは，「真のデータ生成分布」は不可知であることに起因しています．心や知能の真の構造を知ることはできません．(B.1) 式の$\mathcal{D}(f;q)$に関して

$$\mathcal{D}(f;q)=E_q\left[\log\frac{q(x)}{f(x)}\right]=E_q[\log q(x)]-E_q[\log f(x)] \tag{B.2}$$

と再表現すると，カルバック–ライブラー情報量は対数尤度の期待値の差として定

---

*2) あるいは候補モデルとデータ生成分布の近さとも考えられます．

*3) 距離と称されることもありますが，厳密には数学的距離の定義を満たしません．

式化されます．ここで

$$E_q[\log f(x)] = \int_{-\infty}^{\infty} q(x) \log f(x) dx$$

です．モデルに含まれる母数 θ が所与の下では，

$$E_q[\log f(x|\theta)] = \int_{-\infty}^{\infty} q(x) \log f(x|\theta) dx$$

と表されます．

いま，カルバック–ライブラー情報量算出の理由が，データ生成分布と候補モデル間の近さではなく，候補モデル (例えば $f_1(x), f_2(x)$) 間の比較にあるとしましょう．すると，(B.2) 式内最右辺第 1 項はデータ生成分布に基づいた定数であり，共通の値であるため，候補モデルの近さは第 2 項によって定まることがわかります．この項を**平均対数尤度**といいます．つまり，候補モデル間の予測の良さは平均対数尤度を比較すればよいということになります．

しかし，(B.2) 式内最右辺では，2 項とも真の分布に関して評価する必要がありますが，前述の理由から評価することができません．そこでデータ生成分布を知らなくとも，モデル比較を可能とする規準が提案されています．

B. 2. 3 平均対数尤度の推定

Akaike (1973) はモデル母数の最尤推定値 $\hat{\theta}$ とカルバック–ライブラー情報量との関係を導出し，予測的見地から平均対数尤度の推定量を導出しました．また，その推定量の関数を情報量規準と名付け，モデル選択規準として用いることが可能であることを示しました．

平均対数尤度は手元のデータ $\boldsymbol{x} = (x_1, \cdots, x_i, \cdots, x_N)$ について評価した値ですから，$\boldsymbol{x}$ に依存した値となります．そこで，将来的に得られるであろうデータに対する予測の良さの観点から平均対数尤度を比較するために，平均対数尤度について確率変数 X に関する期待値

$$E_X[E_q[\log f(x|\theta)]] \tag{B.3}$$

をとることとします．上式は**期待平均対数尤度**と呼ばれ，真の分布に関する平均対数尤度の推定量を与えます．期待平均対数尤度の推定には，データ $\boldsymbol{x}$ に関する候補モデルにおける母数の尤度が最大となるような**最大対数尤度**

$$\log L_{\max}(\boldsymbol{x}|\hat{\theta}) = \sum_{i=1}^{N} \log f(x_i|\hat{\theta})$$

を用いて，

$$E_X[E_q[\log f(x|\theta)]] \approx \frac{\sum_{i=1}^{N} \log f(x_i|\hat{\theta})}{N}$$

と近似することが考えられます．ただし，最大対数尤度はモデル中の母数の数に応じて単調増加し，期待平均対数尤度に対してバイアスを有することが知られているためバイアス補正を行う必要があります (Akaike, 1973; 坂元ら, 1983).

期待平均対数尤度はデータ数が $N \to \infty$ となるとき，バイアス修正を行った最大対数尤度によって，

$$E_X[E_q[\log f(x|\theta)]] \approx \frac{\log L_{\max}(\boldsymbol{x}|\hat{\theta}) - p}{N} = \frac{\sum_{i=1}^{N} \log L(x_i|\hat{\theta}) - p}{N} \tag{B.4}$$

と近似されます．上式は平均対数尤度の不偏推定量を与えます．p はバイアス修正のための項であり，漸近的にモデル中の未制約母数 (unconstrained parameter) の数と一致します．

候補モデル群の中で (B.4) 式に関して最大の推定値を与えるモデルが，最も $q(x)$ に近く，新たなデータに対してもよい予測を与えることが予想されます．(B.4) 式中辺を $-2N$ 倍した定義式

$$-2 \log L_{\max}(\boldsymbol{x}|\hat{\theta}) + 2p \tag{B.5}$$

は**赤池情報量規準** (Akaike information criterion, AIC) と呼ばれます．比較対象となっているモデル中で，AIC が最小となるモデルが，予測的見地からよいモデルであると解釈できます．p はバイアス修正項であると同時に，同じ対数尤度であれば，母数の数がより多いモデルの AIC を増大させる働きも兼ねています．つまり，データへのモデル適合をよくしようと闇雲に母数を増やすと，それに伴い AIC の値も大きくなります．予測の見地からは，未制約母数の数が多いほど，モデルによる手元のデータの記述力は高まるものの，予測精度 (汎化性能) が下がることと対応しています [*4]．

ただし，AIC は適用できる場面が限られています．AIC が最尤推定法やベイズ推測の枠組みで適用可能となるためには

---

*4) 候補モデル間の差異が小さい場合には，データが変われば AIC によるモデル間の評価が逆転することもあり得ます．AIC が最小のモデルとは，他の候補モデルと比べて，得られたデータをもとに構成されたモデル間で，未来のデータに対して最も高い予測精度をもつモデルということを意味します．しかし最小 AIC の候補モデルが必ずしも真の分布に最も近いことは保証されません．

条件 1 真の分布が候補モデルによって実現可能 ($q(x) = f(x|\theta)$ となる母数 θ が存在すること) であり,

条件 2 尤度関数 (あるいは事後分布) が正規分布で近似可能である

という 2 つの条件が満たされている必要があります (渡辺, 2010). また, ベイジアンモデルの場合, 事前分布を通じて母数の範囲を規定している場合には, 母数の数を離散的に計算することができません. 代わりに交差検証法や WAIC を比較規準として参照することができます. 本書では特にモデル選択規準として WAIC を用います. WAIC は, 上記条件が満たされていない場合であっても, モデル選択に利用可能です.

B.3 交 差 検 証 法

モデル評価と平均対数尤度を推定するもう 1 つの方法として交差検証 (cross validation) 法があります. 交差検証とは得られた K 個のデータ $\boldsymbol{x}$ をあらかじめモデル母数推定用の訓練集合と予測用の集合 (ホールドアウト (Holdout) 集合) に取り分けておき, 推定用データでモデル母数を推定し, その結果を用いて予測用データを予測することでモデルの予測性能を検証する方法です. 交差検証もまた, 未来のデータ x^* に対する平均対数尤度

$$E_q[\log f(x^*|\theta)] = \int_{-\infty}^{\infty} q(x^*) \log f(x^*|\theta) dx \tag{B.6}$$

の推定量を与えます.

B.3.1 1 個抜き交差検証 (LOOCV)

交差検証によって安定した結果を得るためには, 予測用のデータ集合を可能な限り多く用意し, モデル母数の推定 (モデル学習) を行う必要があります. 最も多く交差検証を行う状況が, **1 個抜き交差検証** [*5)](leave-one-out cross-validation, LOOCV) です. 1 個抜き交差検証では, 予測用データとして 1 個のデータ点 x_k だけを取り除いたデータ集合 $\boldsymbol{x}^{(-k)}$ を用いてモデル母数の推定を行います. その後, 取り除いておいたデータ点 x_k をモデル推定結果を用いて予測し, それを N 個のデータ点に対して繰り返し適用して, 評価します.

[*5)] あるいは除外数 1 の交差検証とも呼ばれます.

ここでは母数に関するMCMC標本をすでに得ている状況を考えます．すでにウォームアップ期間のサンプルが取り除かれた，$T-B$ 個の標本を扱うこととし，標本の添え字を $t=T-B,\ldots,T$ ではなく $t=1,\ldots,T$ のように付与し直します．LOOCVによる平均対数尤度の推定量として，MCMC標本を用いて，**対数(データ)点別予測密度** (log point wise predictive density, lppd) を構成する方法があります．

まず，通常の交差検証の観点からは，モデルによる未来のデータの予測精度は，事後分布上での未来のデータ集合 $\boldsymbol{x}^*$ を対象とした対数予測密度 (log predictive density, lpd) によって評価されます．$f(\theta)$ を母数の事後分布とすると，lpd はMCMC標本を用いて

$$lpd=\log\int_{-\infty}^{\infty}f^{(-K)}(\boldsymbol{x}^*|\theta)f(\theta)d\theta\approx\log\left\{\frac{1}{T}\sum_{t=1}^{T}f(\boldsymbol{x}^*|\theta^{(t)})\right\}^{(-K)} \tag{B.7}$$

と近似されます．上式最右辺の右肩に付した $(-K)$ は K 個のデータを予測用の集合とした状態であることを表しています．そして K 個の分割分だけ，lpd を足し上げます．同様の方法で，LOOCVの状況下で (B.6) 式の推定量を構成するためにまずは lpd を

$$\begin{aligned}lpd_{loo}=\log f^{(-k)}(x_k)&=\log\int_{-\infty}^{\infty}f^{(-k)}(x_k|\theta)f(\theta)d\theta\\&\approx\log\left\{\frac{1}{T}\sum_{t=1}^{T}f(x_k|\theta^{(t)})\right\}^{(-k)}\end{aligned} \tag{B.8}$$

で算出します．(B.8) 式は k 番目のサンプルを取り除いた場合の期待平均対数尤度を表しており，x_k を取り除いた状態で得られたMCMC標本を用いて，データ点 x_k を予測精度を表しています．すべての k について足し上げた

$$lppd_{loo}=\sum_{k=1}^{N}\log f^{(-k)}(x_k|\theta)\approx\sum_{k=1}^{N}\log\left\{\frac{1}{T}\sum_{t=1}^{T}f(x_k|\theta^{(t)})\right\}^{(-k)} \tag{B.9}$$

は，対数(データ)点別予測密度と呼ばれ，候補モデルのデータに対する予測精度が与えられます．

なお，AICは前述の2つの条件が満たされている場合にLOOCVと漸近的に等価となります (Stone, 1977)．交差検証という簡単な手続きによって，過剰適合を避けつつ，平均対数尤度の推定値を高い精度で求められます．ただし，交差検証は計算負荷が高くなる傾向にあります．

B.4 WAIC

Watanabe (2010) はベイジアンモデルにおいて用いられる情報量規準として，「広く使える情報量規準 (widely applicable information criterion, **WAIC** (渡辺, 2012))」[*6] を提案しました．

WAIC もまた，CV と同様に将来的に得られるであろう標本外 (out of sample) のデータ点 x^* に対する平均対数尤度

$$E_q[\log f(x^*|\theta)] \approx E_q\left[\log\left(\frac{1}{T}\sum_{t=1}^{T} f(x^*|\theta^{(t)})\right)\right] \tag{B.10}$$

の推定量を与えます．WAIC の推定を行うために事後分布上で期待対数点別予測密度 (expected lppd, elppd)

$$elppd = \sum_{i=1}^{N} E_{post}[\log f(x_i^*|\theta)] \tag{B.11}$$

を構成します．上式は期待平均対数尤度に対する漸近的な不偏推定量を与えます．

いま，当てはめた候補モデルの，将来得られるであろう 1 つのデータ点に対する予測精度 (対数予測密度) の評価値 lpd を，k 番目のデータを取り除かない状況の下で，lpd_{waic} と再定義し

$$lpd_{waic} \approx \log\left\{\frac{1}{T}\sum_{t=1}^{T} f(x_i|\theta^{(t)})\right\} \tag{B.12}$$

と近似します．lpd_{waic} を N 個すべてのデータ点について足し上げることで，対数点別予測密度

$$lppd_{waic} \approx \sum_{i=1}^{N} \log\left\{\frac{1}{T}\sum_{t=1}^{T} f(x_i|\theta^{(t)})\right\} \tag{B.13}$$

が得られます．$lppd_{waic}$ は，母数推定を行った候補モデルの，データ予測精度の評価値を表します．事後標本を用いて構成した (B.13) 式は (B.11) 式の近似値を与えます．

ただし，このとき x_i を予測するための学習データに x_i 自身を含んでいるた

[*6] Gelman et al. (2013) は WA を Watanabe–Akaike，あるいは widely available の略としていますが，いずれにせよ WAIC という名称に変わりはありません．

めに，学習データに過剰適合 (overfitting) してしまっています．そこで，過剰適合に対する修正を (B.13) 式に施します．この修正項のことを有効パラメータ数 (effective number of parameters) と呼び，p_{waic} と表します．

有効パラメータ数の算出には 2 つの方法が提案されており，どちらも交差検証に対する近似と見なすことができます．

B.4.1 有効パラメータ数

差に基づく方法　第 1 の方法は差

$$p_{waic1} = 2\sum_{i=1}^{N}(\log\{E_{post}[f(x_i|\theta)]\} - E_{post}[\log f(x_i|\theta)]) \tag{B.14}$$

を用いたアプローチです．上式の評価値は T 個の事後標本 $\theta^{(t)}$ における平均によって期待値を置き換えることで MCMC 標本を用いて

$$\hat{p}_{waic1} = 2\sum_{i=1}^{N}\left[\log\left\{\frac{1}{T}\sum_{t=1}^{T}f(x_i|\theta^{(t)})\right\} - \frac{1}{T}\sum_{t=1}^{T}\log f(x_i|\theta^{(t)})\right] \tag{B.15}$$

と算出します．

分散に基づく方法　第 2 の方法は，対数予測密度における個別の項の分散を N 個のデータ点上で足し上げた値

$$p_{waic2} = \sum_{i=1}^{N}V_{post}[\log f(x_i|\theta)] \tag{B.16}$$

を用いるアプローチです．上式を計算するためには，各データ点 x_i における対数予測密度の事後分散 $V_i[\log f(x_i|\theta^{(t)})]$ を計算します．$V_i[\cdot]$ は不偏分散

$$V_i[\log f(x_i|\theta^{(t)})] = \frac{1}{T-1}\sum_{t=1}^{T}(\log f(x_i|\theta^{(t)}) - \overline{\log f(x_i|\theta^{(t)})})^2$$

を表しています．データ点 x_i に関して足し上げることで，(B.16) 式の推定値

$$\hat{p}_{waic2} = \sum_{i=1}^{N}V_i[\log f(x_i|\theta^{(t)})] \tag{B.17}$$

が得られます．

条件 1 と条件 2 が満たされている場合には，有効パラメータ数 p_{waic1} と p_{waic2} はモデルに含まれる未制約母数の数と漸近的に等しくなります．なお条件 1・2 が満たされていない場合にも LOOCV と WAIC は漸近的に等価となります．

B. 4. 2 WAIC

(B.15) 式，(B.17) 式のいずれかで算出した有効パラメータ数をバイアス修正項 p_{waic} として用いることで，elppd の推定値として WAIC

$$\text{WAIC} = \widehat{elppd} = lppd_{waic} - p_{waic} \tag{B.18}$$

が算出されます．Gelman et al. (2013) は LOOCV と類似した結果が得られることから，p_{waic2} の利用を推奨しており，本書で用いる WAIC も p_{waic2} を利用します．また，Gelman et al. (2013) では (B.18) 式を -2 倍した

$$\text{WAIC} = -2lppd_{waic} + 2p_{waic} \tag{B.19}$$

を WAIC として定義しています．これは，AIC やその他の情報量規準と尺度を統一し比較可能な値とするためです．本書でも WAIC は Gelman et al. (2013) の定義に従って算出します．WAIC は階層モデルや混合モデルなど，母数の数によるバイアス修正が明確に行えない場合にも適用可能です．

B. 5 Stan と R による WAIC 計算例

いま 200 人の対となる親子のデータとして，親の身長 x が {150.5, 160.2, 148.0, 177.1, 162.0, 148.2,..., 164.7, 142.7, 151.1, 143.3, 152.3}，子の身長 y が {158.7, 163.3, 156.6, 164.1, 158.4, 175.4,..., 155.7, 173.1, 155.9, 165.9, 160.3} と得られているものとします．子の身長を親の身長から，線形予測式 $y_i = \mu_i$，$\mu_i = b + ax_i$，$y_i \sim \text{Normal}(\mu_i, \sigma)$ で予測します (モデル 1)．このとき，別の候補モデルとして切片を省略した $y_i = \mu_i$，$\mu_i = ax_i$，$y_i \sim \text{Normal}(\mu_i, \sigma)$ を考えることもできます (モデル 2)．これら 2 つのモデルを WAIC を用いて比較してみます．

Stan で記述したモデルに関して，WAIC を算出するには，モデルの対数尤度を生成量として定義します．まずモデル 1 の Stan コードの主要部分は以下となります．ここでは母数の事前分布として無情報的一様分布を採用しています．

```
1  parameters{ real b; real a; real<lower=0> sigma;}
2  model{
3          real mu[N];
4          for(i in 1:N){
5                  mu[i] = b + a*x[i];
```

```
6                y[i] ~ normal(mu[i],sigma);
7        }
8  }
9  generated quantities{
10       vector[N] log_lik;
11       for(i in 1:N){
12       //モデル 1 の対数尤度
13               log_lik[i] = normal_lpdf(y[i] | mu[i], sigma);
14       }
15 }
```

変数 log_lik を定義し，model ブロックで記述したモデル分布の対数尤度関数を記述します．Stan では，サンプリング関数に関して，generated quantities ブロックで連続型の確率分布の場合には「分布名_lpdf」，離散型の確率分布の場合には「分布名_lpmf」と記述することで，対数尤度の値を取り出すことができます．同様にモデル 2 のモデルと対数尤度は Stan コードにより

```
1  parameters{ real a; real<lower=0> sigma;}
2  model{
3        real mu[N];
4        for(i in 1:N){
5                mu[i] = a*x[i];
6                y[i] ~ normal(mu[i],sigma);
7        }
8  }
9  generated quantities{
10       vector[N] log_lik;
11       for(i in 1:N){
12       //モデル 2 の対数尤度
13               log_lik[i] = normal_lpdf(y[i] | mu[i], sigma);
14       }
15 }
```

となります．それぞれの MCMC 標本生成結果を stanfit1 と stanfit2 オブジェクトに代入したものとします [*7)]．

B.5.1　パッケージ loo による WAIC の算出

上記モデルを用いて，パッケージ rstan によるサンプリング後に，R 上でパッケージ loo を使用し，モデルの対数尤度を用いて WAIC を算出します．

*7) ここでは 5 つのマルコフ連鎖それぞれにおいて事後分布から 11000 回のサンプリングを行い，最初の 1000 回をウォームアップ期間として破棄し，合計 50000 個の母数の標本を用いています．

```
1  library(loo)
2  log_lik1 <- extract_log_lik(stanfit1)
3  waic1 <- waic(log_lik1) # モデル 1 の WAIC
4  print(waic1 , digits = 4)
5  log_lik2 <- extract_log_lik(stanfit2)
6  waic2 <- waic(log_lik2) # モデル 2 の WAIC
7  print(waic2 , digits = 4)
8  compare(waic1, waic2) # WAIC の比較
```

関数 extract_log_lik(stanfit,parameter_name="log_lik") はパッケージ loo に含まれる関数であり，サンプリング後のオブジェクトから対数尤度の値を取り出します．引数 stanfit にサンプリング結果のオブジェクトを与え，parameter_name に対数尤度を格納した変数名を与えます．既定値は log_lik であるため，変数名が log_lik であるときには指定を省略できます．関数 waic は取り出した対数尤度の値を用いて，WAIC を算出します．関数 compare は 2 つ以上の waic オブジェクトを与えることで，2 つの場合には 2 モデル間の WAIC の差を，3 つ以上の場合には昇順に並べ替えた waic オブジェクトの値を出力する関数です．比較の結果，モデル 1 の WAIC のほうが小さくなり，予測の観点からよりよいモデルといえます．

```
> print(waic1 , digits = dig) # モデル 1 の WAIC
Computed from 50000 by 100 log-likelihood matrix

Estimate     SE
elpd_waic -334.496  6.593
p_waic       2.466  0.341
waic       668.993 13.185
>
> print(waic2 , digits = dig) # モデル 2 の WAIC
Computed from 50000 by 100 log-likelihood matrix

Estimate     SE
elpd_waic -398.800  6.325
p_waic       1.740  0.255
waic       797.601 12.650
>
> compare(waic1, waic2) # WAIC の比較
elpd_diff        se
-64.3        7.9
```

B.5.2　R スクリプトによる WAIC の算出

ここでは参考のため，WAIC を B.4 節に基づき，直接 R スクリプトとして実装する方法を示します．Stan コード自体に変更はありません．WAIC 算出のための R スクリプトは以下となります．

```
1  #モデル 1
2  log_lik <- extract(stanfit1)$log_lik
3  lppd <- sum(log(colMeans(exp(log_lik))))
4  p_waic <- sum(var(log_lik))
5  waic <- -2*lppd + 2*p_waic
6  round(waic,3)
7
8  #モデル 2
9  log_lik <- extract(stanfit2)$log_lik
10 lppd <- sum(log(colMeans(exp(log_lik))))
11 p_waic <- sum(var(log_lik))
12 waic <- -2*lppd + 2*p_waic
13 round(waic,3)
```

2 行目では生成量ブロックで定義した対数尤度を `rstan` オブジェクトから抽出し，変数 `log_lik` に代入しています．例として `log_lik1` の 6 行・10 列目までと，全体の行数と列数を以下に示します．

```
> round(head(log_lik1),2)
          parameters
iterations  [,1]  [,2]  [,3]  [,4]  [,5]  [,6]  [,7]  [,8]  [,9] [,10]
      [1,] -3.06 -2.81 -3.33 -2.81 -3.10 -4.46 -3.05 -3.21 -2.87 -4.29
      [2,] -2.93 -2.83 -3.14 -2.86 -2.95 -4.87 -3.23 -3.45 -2.97 -4.70
      [3,] -2.88 -2.76 -3.15 -2.87 -2.86 -5.06 -3.30 -3.61 -2.98 -4.96
      [4,] -2.94 -2.83 -3.18 -2.93 -2.91 -4.80 -3.30 -3.57 -3.01 -4.72
      [5,] -3.20 -2.81 -3.56 -2.80 -3.17 -4.14 -2.99 -3.16 -2.83 -4.06
      [6,] -3.01 -2.80 -3.29 -2.87 -2.98 -4.58 -3.18 -3.42 -2.94 -4.50
> dim(log_lik1)
[1] 50000    100
```

ここでオブジェクト内はサンプリング回数 $\times$ データ数が配されていることがわかります．次に 3 行目で (B.13) 式の計算を行いますが，`log_lik` は対数値であるため，いったん `exp` 関数によって尤度へと戻します．尤度についてデータ点ごとの列平均を計算し，改めて対数変換を施します．その後，データ点について和をとり，`lppd` へと代入します．

4 行目では有効パラメータ数の算出を行っています．対数尤度の分散をデータ点ごとに算出して，その総和を計算し p_waic へと代入します．

作成した lppd と p_waic を用いて-2*lppd+2*p_waic を計算することで当該モデルの WAIC を算出します．モデル 2 に関しても，同様の計算を行い，WAIC を算出します．

2 つの候補モデルの WAIC の算出結果はそれぞれモデル 1 は 668.993，モデル 2 は 797.601 となりました．パッケージ loo の計算結果と同様に，モデル 1 の WAIC の値の方が小さくなり，モデル比較の結果導かれる解釈は同じとなりました．

文　献

Akaike, H. (1973). Information theory and an extension of the maximum likelihood principle. In B. N. Petrov and F. Csaki (Eds.) *2nd International Symposium on Information Theory*, Budapest: Akademiai Kiado, pp.267-281.

Gelman, A., Carlin, J. B., Stern, H. S., Dunson, D. B., Vehtari, A. and Rubin, D. B. (2013). *Bayesian Data Analysis, Third Edition*. Chapman & Hall/CRC.

Kullback, S. and Leibler, R. A. (1951). On information and sufficiency. *The Annals of Mathematical Statistics*, **22**(1), 79-86.

Stone, M. (1977). An asymptotic equivalence of choice of model by cross-validation and Akaike's criterion. *Journal of the Royal Statistical Society. Series B (Methodological)*, **39**(1), 44-47.

Watanabe, S. (2010). Asymptotic equivalence of Bayes cross validation and widely applicable information criterion in singular learning theory. *Journal of Machine Learning Research*, **11**, 3571-3539.

北川敏男 (編), 坂元慶行・石黒真木夫・北川源四郎 (著) (1983). 情報量統計学. 共立出版.

渡辺澄夫 (2012). ベイズ統計の理論と方法. コロナ社.

索　　引

あ　行

か　行

さ　行

た 行

な 行

は 行

ま　行

や　行

ら　行

わ　行

A

B

C

D

E

F

G

H

I

J

K

L

M

N

O

P

Q

R

S

T

U

V

W

編著者略歴

豊田秀樹（とよだひでき）

1961年　東京都に生まれる
1989年　東京大学大学院教育学研究科博士課程修了（教育学博士）
現　在　早稲田大学文学学術院教授

〈主な著書〉

『項目反応理論［入門編］（第2版）』（朝倉書店）
『項目反応理論［事例編］—新しい心理テストの構成法—』（編著）（朝倉書店）
『項目反応理論［理論編］—テストの数理—』（編著）（朝倉書店）
『項目反応理論［中級編］』（編著）（朝倉書店）
『共分散構造分析［入門編］—構造方程式モデリング—』（朝倉書店）
『共分散構造分析［応用編］—構造方程式モデリング—』（朝倉書店）
『共分散構造分析［技術編］—構造方程式モデリング—』（編著）（朝倉書店）
『共分散構造分析［疑問編］—構造方程式モデリング—』（編著）（朝倉書店）
『共分散構造分析［理論編］—構造方程式モデリング—』（朝倉書店）
『共分散構造分析［数理編］—構造方程式モデリング—』（編著）（朝倉書店）
『共分散構造分析［事例編］—構造方程式モデリング—』（編著）（北大路書房）
『共分散構造分析［Amos 編］—構造方程式モデリング—』（編著）（東京図書）
『SASによる共分散構造分析』（東京大学出版会）
『調査法講義』（朝倉書店）
『原因を探る統計学—共分散構造分析入門—』（共著）（講談社ブルーバックス）
『違いを見ぬく統計学—実験計画と分散分析入門—』（講談社ブルーバックス）
『マルコフ連鎖モンテカルロ法』（編著）（朝倉書店）
『基礎からのベイズ統計学—ハミルトニアンモンテカルロ法による実践的入門—』（編著）（朝倉書店）
『はじめての統計データ分析—ベイズ的〈ポスト p 値時代〉の統計学—』（朝倉書店）

実践ベイズモデリング
—解析技法と認知モデル—

定価はカバーに表示

2017年1月25日　初版第1刷
2017年9月10日　第3刷

編著者　豊　田　秀　樹
発行者　朝　倉　誠　造
発行所　株式会社　朝　倉　書　店
東京都新宿区新小川町 6-29
郵便番号　162-8707
電　話　03(3260)0141
F A X　03(3260)0180
http://www.asakura.co.jp

〈検印省略〉

中央印刷・渡辺製本

ISBN 978-4-254-12220-6　C 3041　Printed in Japan